中华人民共和国国家标准

煤矿立井井筒及硐室设计规范

Code for design of coal mine shaft and chamber

GB 50384 - 2016

主编部门：中 国 煤 炭 建 设 协 会
批准部门：中华人民共和国住房和城乡建设部
施行日期：2 0 1 7 年 4 月 1 日

中国计划出版社

2016 北 京

中华人民共和国国家标准
煤矿立井井筒及硐室设计规范
GB 50384-2016
☆
中国计划出版社出版发行
网址：www.jhpress.com
地址：北京市西城区木樨地北里甲 11 号国宏大厦 C 座 3 层
邮政编码：100038　电话：(010)63906433(发行部)
三河富华印刷包装有限公司印刷

850mm×1168mm　1/32　4.25 印张　107 千字
2017 年 3 月第 1 版　2017 年 3 月第 1 次印刷
☆
统一书号：155182·0020
定价：26.00 元

中华人民共和国住房和城乡建设部公告

第 1259 号

住房城乡建设部关于发布国家标准《煤矿立井井筒及硐室设计规范》的公告

现批准《煤矿立井井筒及硐室设计规范》为国家标准，编号为 GB 50384—2016，自 2017 年 4 月 1 日起实施。其中，第 3.0.8、5.3.8(2、3)、5.4.1(1、5、6)、6.3.2(1、3)、6.4.2(1)、6.4.6(1、3)、6.4.17(1)、7.1.3(2)条(款)为强制性条文，必须严格执行。原国家标准《煤矿立井井筒及硐室设计规范》GB 50384—2007 同时废止。

本规范由我部标准定额研究所组织中国计划出版社出版发行。

中华人民共和国住房和城乡建设部

2016 年 8 月 18 日

前　言

本规范是根据住房城乡建设部《关于印发2013年工程建设标准规范制订修订计划的通知》(建标〔2013〕6号)要求，由中国煤炭建设协会勘察设计委员会和中煤科工集团南京设计研究院有限公司会同有关单位，在《煤矿立井井筒及硐室设计规范》GB 50384—2007(以下简称原规范)的基础上修订完成的。

本规范在修订过程中，认真分析、总结和吸收了近年来我国煤炭系统立井井筒和硐室设计、施工的实践经验，引入了经实践检验已成熟的新技术、新工艺及新的科研成果。修订过程中，以多种形式广泛征求了设计、科研教学、建设、管理等单位的意见，经反复研究、多次修改，最后经审查定稿。

本规范共分7章和7个附录，主要内容有：总则、术语和符号、基本规定、材料、井筒装备、井筒支护、硐室等。

本规范修订的主要内容包括：

(1)增加了第5.7节“井筒装备的腐蚀与防护”、第6.1节“一般规定”，增加了第3.0.8条、第5.3.8条第3款、第5.4.1条第6款、第6.4.2条第1款、第7.1.3条第2款强制性条款。

(2)修改了结构重要性系数，煤矿立井井筒及硐室设计原则调整为安全可靠、技术先进、经济合理，表“基岩井壁厚度经验数值”改为“基岩段混凝土井壁厚度经验数值”。

(3)删除了钢筋混凝土井壁材料强度设计值计算表达式 $f_s = 0.9(f_c + \rho_{min} f'_y)$ 中的系数“0.9”，删除了关于料石和混凝土砌块的内容，删除了原规范附录A、附录B，删除了木罐道及相关内容。

本规范以黑体字标志的条文为强制性条文，必须严格执行。

本规范由住房城乡建设部负责管理和对强制性条文的解释，

中国煤炭建设协会负责日常管理，中煤科工集团南京设计研究院有限公司负责具体内容的解释。本规范在执行过程中，请各单位结合设计、施工、生产实践，注意总结经验和积累资料，如发现需要修改和补充之处，请将意见和有关资料寄交中煤科工集团南京设计研究院有限公司（地址：江苏省南京市浦口区浦东路20号，邮政编码：210031，传真：025－58863059），以便今后修订时参考。

本规范主编单位、参编单位、主要起草人和主要审查人：

主编单位：中国煤炭建设协会勘察设计委员会
中煤科工集团南京设计研究院有限公司

参编单位：中国矿业大学
安徽理工大学
山东科技大学
煤炭工业合肥设计研究院
煤炭工业济南设计研究院有限公司
中煤科工集团沈阳设计研究院有限公司

主要起草人：李现春　齐宝健　韩松峰　王书磊　由胜武
于为芹　徐鸿明　杨兴全　王仲民　井士娟
田昌富　李　磊　张晓燕　丁国胜　魏烈昌

主要审查人：宫守才　周国庆　陈远坤　谭　杰　马　锋

目 次

Contents

1 总 则

1.0.1 为统一煤矿立井井筒、井筒装备及硐室工程设计标准，提高设计质量，制定本规范。

1.0.2 本规范适用于煤矿立井井筒及相关硐室工程的设计。

1.0.3 煤矿立井井筒及硐室工程设计应体现安全可靠、技术先进、经济合理的原则。

1.0.4 煤矿立井井筒及硐室工程设计应有符合设计要求的井筒检查钻孔资料，并应根据资料进行多方案的技术、经济比较，确定最优方案。

1.0.5 煤矿立井井筒及硐室工程所采用材料的性能、规格、质量应符合国家现行有关标准的规定。

1.0.6 煤矿立井井筒及硐室工程设计除应符合本规范外，尚应符合国家现行有关标准的规定。

2 术语和符号

2.1 术 语

2.1.1 立井 vertical shaft

服务于煤炭、设施、人员提升和通风，在地层中开凿的直通地面的竖直通道。

2.1.2 井筒装备 shaft equipment

在立井井筒中安装的罐道梁、罐道、井梁、梯子间和各种管、线、绳等固定设施总称。

2.1.3 罐道 guide

立井井筒中提升容器运行的导向设施。罐道分柔性罐道和刚性罐道两种形式，常用的柔性罐道有钢丝绳罐道，刚性罐道有钢轨罐道、型钢组合罐道、冷弯方形型钢罐道、冷拔方管型钢罐道、玻璃钢复合罐道等。

2.1.4 表土层 topsoil

覆盖于基岩之上的松散堆积物统称表土层。

2.1.5 普通凿井法 conventional shaft sinking method

在稳定的或含水较少的地层中，采用钻眼爆破或其他常规手段凿井的作业方法。

2.1.6 特殊凿井法 special shaft sinking method

在含水、不稳定的地层中，采用特殊技术、装备和工艺直接形成井筒或对地层进行处理后，再进行普通凿井的作业方法。

2.1.7 单层井壁 single-layer shaft lining

分段一次性(或连续一次性)，根据需要由单一或多种材料复合成型的地下筒形构筑物。

2.1.8 双层井壁 double-layer shaft lining

由外层井壁和内层井壁组合而成。外层井壁由上而下随井筒掘进段施工而成，内层井壁由下而上施工而成。

2.1.9 竖向附加力 vertical additional surface force

地层因疏水等原因相对于井壁产生沉降时，地层作用于井壁外侧面上的竖直向下的面力。

2.1.10 荷载标准值 characteristic value of a load

荷载的基本代表值，为设计基准期内最大荷载统计分布的特征值。

2.1.11 荷载计算值 design value of a load

荷载标准值与结构安全系数的乘积。

2.1.12 承载力 bearing capacity

井壁承受荷载的能力。

2.1.13 薄壁圆筒 thin shell tube

壁厚与圆筒外半径之比小于规定数的圆筒。立井井筒中，井壁厚度 t 与井筒井壁外半径 r_w 之比小于 1/10（即 $\frac{t}{r_w} < \frac{1}{10}$）时称薄壁圆筒。

2.1.14 厚壁圆筒 thick shell tube

壁厚与圆筒外半径之比大于或等于规定数的圆筒。立井井筒中，井壁厚度 t 与井筒井壁外半径 r_w 之比大于或等于 1/10（即 $\frac{t}{r_w} \geqslant \frac{1}{10}$）时称厚壁圆筒。

2.2 符 号

2.2.1 普通凿井法、冻结凿井法及井筒支护

A_0——计算截面井壁横截面面积；

A_n——岩（土）层水平荷载系数；

A_s——每米井壁截面配置钢筋面积；

b——井壁截面计算宽度；

D——井筒外直径；

d——井筒内直径；

E_c——混凝土弹性模量；

E_s——钢筋弹性模量；

F_w——计算截面以上井壁外表面积；

f_c——混凝土轴心抗压强度设计值；

$f_{cu,k}$——混凝土立方体抗压强度标准值；

f_s——井壁材料强度设计值；

f_t——混凝土抗拉强度设计值；

f_y'、f_y——钢筋抗压、抗拉强度设计值；

H——所设计的井壁计算处深度；

I——井筒横截面惯性矩；

L_0——计算处井壁圆环计算长度；

M_0——井塔嵌固水平的弯矩；

N——单位高度井壁圆环截面上的轴向力计算值；

N_0——井塔嵌固水平的轴向力；

P——计算处作用在井壁上的设计荷载计算值；

P_0——作用在结构上的荷载标准值；

P_k——作用在结构上的均匀荷载标准值；

$P_{A,k}$、$P_{B,k}$——井壁所受最小、最大荷载标准值；

$P_{f,k}$——计算截面以上井壁外表面所受竖向附加力的标准值；

$P_{n,k}^{s}$、$P_{n,k}^{x}$——第 n 层岩层顶、底板作用井壁上的均匀荷载标准值；

Q_0——井塔嵌固水平的水平力；

$Q_{1,k}$——直接支承在井筒上的井塔重量标准值；

$Q_{2,k}$——计算截面以上井筒装备重量标准值；

$Q_{f,k}$——计算截面以上井壁所受竖向附加总力标准值；

$Q_{z,k}$——井壁所受的竖向荷载标准值；

$Q_{z1,k}$——计算截面以上井壁自重标准值；

r_0——计算处井壁中心半径；

r_n——计算处井壁内半径；

r_w——计算处井壁外半径；

t——井壁厚度；

φ——钢筋混凝土轴心受压构件稳定系数；

φ_1——素混凝土构件稳定系数；

ϕ——土层内摩擦角；

β_t——表土层不均匀荷载系数；

β_y——岩层水平荷载不均匀系数；

ν_c——混凝土泊松比；

ν_k——结构安全系数；

γ_h——混凝土（或钢筋混凝土）的重力密度；

ρ——井壁截面配筋率；

ρ_{min}——井壁截面的最小配筋率；

σ_t——井壁圆环截面切向应力；

σ_{z1}——计算截面井壁自重应力计算值；

σ_z——计算截面井壁竖向应力计算值；

σ_r——计算截面井壁径向应力计算值。

2.2.2 钻井凿井法及井筒支护

A_{sy}——井壁竖向钢筋横截面面积；

A_y、A_y'——受拉、受压钢筋的截面面积；

D_s——井筒净断面的设计直径；

D_y——井筒净断面的有效直径；

h_z——井壁节高；

$N_{z,k}$——提吊时井壁受到的竖向荷载标准值；

n——钢筋和混凝土弹性模量的比值；

$P_{w,k}$——泥浆压力标准值；

$P_{n,k}$——配重水压力标准值；

P_g——井壁底所受到的压力计算值；

P_w——泥浆压力计算值；

P_n——配重水压力计算值；

V_Q、V_T——壳体、筒体体积；

V_n——井壁底壳体、筒体排开泥浆体积；

ν_f——抗裂安全系数；

λ——壳体常数；

η——设计采用的成井偏斜率；

γ_w——泥浆的重力密度；

γ_n——配重水的重力密度。

2.2.3 沉井凿井法及井筒支护

d——沉井设计内直径；

d_1——沉井有效内直径；

D——沉井井筒外直径；

D_1——刃脚外直径；

D_2——套井井筒内直径；

D_3——套井井筒外直径；

E——套井井壁厚度；

F——井壁与土壤直接接触面之间的单位摩阻力；

F'——井壁与泥浆之间的单位摩阻力；

G——沉井井壁自重；

G'——沉井总重；

G_1——沉井井壁刃脚自重(不扣除浮力)；

G_2——沉井井筒重量(不扣除浮力)；

G_3——沉井壁后泥浆筒重量(不扣除浮力)；

h——沉井井壁厚度；

H——沉井有效深度；

H_1——套井总深度；

H_2——套井刃脚尖以下至沉井刃脚台阶高度；

H_3——刃脚高度；

L_1——沉井与套井之间间隙；

N——沉井正面阻力；

R_t——土壤极限抗压强度；

S——沉井井壁外表面积；

T——沉井下沉总阻力；

T_1——刃脚外侧与土层间的侧面阻力；

T_2——井壁外侧与触变泥浆的摩阻力；

W——井壁计算重率；

α——刃脚插入土层深度；

β——刃脚尖夹角；

η——沉井允许偏斜率；

μ——套井偏斜率。

2.2.4 帷幕凿井法及井筒支护

B_0——套壁厚度；

B——混凝土帷幕有效厚度；

D——钻孔直径；

H——混凝土帷幕设计深度；

R——帷幕有效厚度净半径；

R_0——井筒净半径；

R_1——帷幕中心线半径；

i——造孔最大允许偏斜率。

2.2.5 其他

γ_0——结构重要性系数；

f——钢材的抗拉、抗压和抗弯设计强度值；

f_v——钢材的抗剪设计强度值；

f_{ce}——钢材的端面承压（刨平顶紧）设计强度值。

3 基本规定

3.0.1 立井井筒井壁结构重要性系数选取应符合下列规定：

1 服务年限不少于 50a 或大型矿井或表土层深度不小于 150m 的立井井筒，应按 1.10～1.15 选取；

2 服务年限少于 50a 且表土层深度小于 150m 的中、小型矿井的立井井筒，应按 1.05～1.10 选取。

3.0.2 立井井筒井壁、井筒装备在不同受力状态下的结构安全系数值选取应符合表 3.0.2 的规定。

表 3.0.2 结构安全系数值

<table>
<tr><th colspan="4">受力特征</th><th>结构安全系数(ν_k)值</th></tr>
<tr><td rowspan="12">井壁和井壁底</td><td rowspan="11">井壁筒体</td><td colspan="2">均匀水土压力</td><td>1.35</td></tr>
<tr><td rowspan="2">静水压力</td><td>永久荷载</td><td>1.35</td></tr>
<tr><td>临时荷载</td><td>1.10</td></tr>
<tr><td colspan="2">稳定性</td><td>1.30</td></tr>
<tr><td colspan="2">井塔纵向偏压</td><td>1.20</td></tr>
<tr><td colspan="2">不均匀压力</td><td>1.10</td></tr>
<tr><td colspan="2">冻土压力</td><td>1.00～1.05</td></tr>
<tr><td colspan="2">泥浆压力</td><td>1.10</td></tr>
<tr><td colspan="2">交界面受力</td><td>1.20</td></tr>
<tr><td colspan="2">井壁吊挂力</td><td>1.20</td></tr>
<tr><td colspan="2">附加力</td><td>1.20</td></tr>
<tr><td>井壁底</td><td colspan="2">静水压力(永久荷载)</td><td>1.80</td></tr>
<tr><td rowspan="2">井筒装备</td><td>罐 道</td><td colspan="2">荷载计算</td><td>1.00～1.05</td></tr>
<tr><td>罐道梁</td><td colspan="2">荷载计算</td><td>1.00～1.05</td></tr>
</table>

注：提升终端荷载 45t 以下的井筒，罐道、罐道梁计算时，安全系数可按 1.00 选取；提升终端荷载 45t 及以上的井筒，可按 1.00～1.05 选取。

3.0.3 立井井筒应采用圆形断面，断面尺寸应根据井筒用途、服务年限、装备、穿过的岩层和涌水情况，以及凿井方法、支护形式等因素确定。

3.0.4 对可能因建井或生产等因素引起表土层沉降的立井井筒，应结合表土层沉降对立井井筒的影响进行井壁结构设计。经技术经济比较合理时，可采用适应表土层沉降的井壁结构。

3.0.5 立井井筒支护类型应根据井筒穿过地层的地质及水文地质资料和凿井方法确定，并宜采用钢筋混凝土或素混凝土支护。当地质条件复杂、地压大时，亦可采用其他支护结构。

3.0.6 当井筒检查钻孔等资料表明，地层所含水及相关气体具有腐蚀性时，立井井筒及硐室设计、井筒装备设计均应考虑腐蚀对混凝土、钢筋、钢材等材料的影响。

3.0.7 立井硐室的断面形状及支护方式应根据地质条件、使用要求、服务年限等因素确定，并应符合下列规定：

1 硐室宜选用半圆拱形断面；当顶压、侧压均较大时，可采用双曲拱形断面；当底压也较大时，底部可增设反拱或采用圆形断面；

2 立煤仓宜采用圆形断面；

3 风硐、安全出口及斜煤仓可选用半圆拱形或矩形断面；

4 硐室的支护方式可采用混凝土、钢筋混凝土或锚喷金属网支护。支护参数应根据围岩条件、硐室形状、尺寸及地压计算确定。条件特殊时，也可采用其他支护方式。

3.0.8 位于地震烈度为7度及以上地区或处于不稳定地层时，风硐及安全出口和井筒上段30m以内井壁必须采用钢筋混凝土结构。

3.0.9 罐笼立井马头门、箕斗装载硐室、给煤机硐室、水泵房、泄水巷、立风井安全出口等应采用混凝土铺底。

4 材　　料

4.1 混　凝　土

4.1.1 立井井筒及硐室支护用的混凝土强度等级应符合下列规定：

1 用于立井井筒及硐室支护的混凝土(除喷射混凝土外)强度等级不得低于C30；

2 无装备的立井井筒采用喷射混凝土支护时，混凝土强度等级不得低于C20。

4.1.2 立井井筒及硐室采用钢筋混凝土支护时，混凝土轴心抗压、轴心抗拉强度标准值 f_{ck} 、f_{tk} 应按表4.1.2-1采用；混凝土轴心抗压、轴心抗拉强度设计值 f_c 、f_t 应按表4.1.2-2采用。

表4.1.2-1　混凝土强度标准值(N/mm^2)

强度种类	混凝土强度等级												
	C20	C25	C30	C35	C40	C45	C50	C55	C60	C65	C70	C75	C80
f_{ck}	13.4	16.7	20.1	23.4	26.8	29.6	32.4	35.5	38.5	41.5	44.5	47.4	50.2
f_{tk}	1.54	1.78	2.01	2.20	2.39	2.51	2.64	2.74	2.85	2.93	2.99	3.05	3.11

表4.1.2-2　混凝土强度设计值(N/mm^2)

强度种类	混凝土强度等级												
	C20	C25	C30	C35	C40	C45	C50	C55	C60	C65	C70	C75	C80
f_c	9.6	11.9	14.3	16.7	19.1	21.1	23.1	25.3	27.5	29.7	31.8	33.8	35.9
f_t	1.10	1.27	1.43	1.57	1.71	1.80	1.89	1.96	2.04	2.09	2.14	2.18	2.22

4.1.3 立井井筒及硐室采用素混凝土支护时，轴心抗压强度设计值应按本规范表4.1.2-2中数据乘以系数0.85取用，并应符合现行国家标准《混凝土结构设计规范》GB 50010的有关规定。

4.1.4 混凝土弹性模量 E_c 应按表 4.1.4 采用。

表 4.1.4 混凝土弹性模量($\times 10^4$ N/mm^2)

混凝土强度等级	C20	C25	C30	C35	C40	C45	C50	C55	C60	C65	C70	C75	C80
E_c	2.55	2.80	3.00	3.15	3.25	3.35	3.45	3.55	3.60	3.65	3.70	3.75	3.80

4.2 钢 筋

4.2.1 立井井筒及硐室钢筋混凝土结构受力钢筋应采用 HRB400、HRB500、HRBF400、HRBF500 钢筋,联系筋可采用 HPB300 钢筋。

4.2.2 钢筋强度标准值应按表 4.2.2 采用。

表 4.2.2 钢筋强度标准值(N/mm^2)

牌号	符号	公称直径 d(mm)	屈服强度标准值 f_{yk}	极限强度标准值 f_{stk}
HPB300	ϕ	6～22	300	420
HRB400 HRBF400	Φ Φ^{F}	6～50	400	540
HRB500 HRBF500	Φ Φ^{F}	6～50	500	630

4.2.3 钢筋抗拉强度设计值 f_y 及抗压强度设计值 f'_y 应按表 4.2.3采用。

表 4.2.3 钢筋强度设计值(N/mm^2)

牌 号	抗拉强度设计值 f_y	抗压强度设计值 f'_y
HPB300	270	270
HRB400、HRBF400	360	360
HRB500、HRBF500	435	410

4.2.4 钢筋弹性模量 E_s 应按表 4.2.4 采用。

表 4.2.4 钢筋弹性模量($\times 10^5$ N/mm^2)

牌号或种类	弹性模量 E_s
HPB300 钢筋	2.10
HRB400、HRB500 钢筋 HRBF400、HRBF500 钢筋	2.00

4.3 钢　　材

4.3.1 立井井筒及硐室设计中钢材选用应符合现行国家标准《钢结构设计规范》GB 50017 的规定。宜选用强度高、塑性好、可焊性好的碳素结构钢和低合金钢。对于特殊的要求，也可选用一些特殊钢材。

4.3.2 钢材的强度设计值应按表 4.3.2 采用。

表 4.3.2　钢材的强度设计值(N/mm^2)

钢材		抗拉、抗压和抗弯 f	抗剪 f_v	端面承压（刨平顶紧） f_{ce}
牌号	厚度或直径(mm)			
Q235	≤16	215	125	325
	16～40	205	120	
	40～60	200	115	
	60～100	190	110	
Q345	≤16	310	180	400
	16～35	295	170	
	35～50	265	155	
	50～100	250	145	
Q390	≤16	350	205	415
	16～35	335	190	
	35～50	315	180	
	50～100	295	170	
Q420	≤16	380	220	440
	16～35	360	210	
	35～50	340	195	
	50～100	325	185	

注：表中厚度系指计算点的钢材厚度，对轴心受拉和轴心受压构件系指截面中较厚板件的厚度。

4.3.3 立井井筒及硐室设计所用钢材的连接宜采用焊缝连接或螺栓连接。焊缝连接和螺栓连接应符合现行国家标准《钢结构设计规范》GB 50017 等规范的有关规定。

4.4 玻 璃 钢

4.4.1 玻璃钢复合材料的基料宜采用不饱和聚酯树脂，质量应符合表 4.4.1 的规定。当设计有特殊要求时，也可采用其他树脂作为基料。

表 4.4.1 不饱和聚酯树脂的质量指标、特性及应用

树脂型号	外观	酸值 (mg KOH/g)	黏度 (min)	树脂含量 (%)	胶化时间 (min)	热稳定性	性能和用途
191	透明淡黄色液体	28～36	25℃时 6～13	60～66 (固体含量)	25℃时 10～25	25℃时 0.5a 80℃时 24h	是一种低黏度光稳定性聚酯树脂，对于玻璃纤维有良好的浸渍性能，经常用于制造半透明波形瓦、煤矿井筒梯子间构件以及其他接触成型产品

4.4.2 玻璃钢复合材料内嵌钢芯宜选用 Q235、Q345、Q390、Q420 等型号钢材。其规格尺寸及质量应符合设计要求和有关质量标准；内嵌钢芯应进行除锈处理，并达到国际通用标准Sa2.5 级。

4.4.3 立井井筒及硐室中玻璃钢材料制成品的抗静电指标不应大于 $3.0\times10^{8}\Omega$ 。

4.4.4 立井井筒及硐室中玻璃钢材料制成品的阻燃系数应大于 26 氧指数。

4.4.5 立井井筒及硐室中玻璃钢材料制成品的机械、安全性能应符合表 4.4.5 的规定。

表 4.4.5 玻璃钢材料制成品的机械、安全性能指标

项目			单位	指标 合格	试验方法
常温机械性能	拉伸强度	玻纤纱	MPa	120	《定向纤维增强聚合物基复合材料拉伸性能试验方法》GB/T 3354
		玻纤布		130	《纤维增强塑料拉伸性能试验方法》GB/T 1447
	压缩强度	玻纤纱		35	《纤维增强塑料压缩性能试验方法》GB/T 1448
		玻纤布		40	《纤维增强塑料压缩性能试验方法》GB/T 1448
	弯曲强度	玻纤纱		70	《定向纤维增强聚合物基复合材料弯曲性能试验方法》GB/T 3356
		玻纤布		80	《纤维增强塑料弯曲性能试验方法》GB/T 1449
安全性能	表面电阻		Ω	上下表面电阻算术平均值不大于 3×10^{8}	《煤矿井下用玻璃钢制品安全性能检验规范》GB 16413
	酒精喷灯火焰燃烧试验	有焰燃烧时间	s	移去喷灯后 6 块试件的有焰燃烧时间的算术平均值应不大于 5，每块试件的有焰燃烧续燃时间最大单值应不大于 15	《煤矿井下用玻璃钢制品安全性能检验规范》GB 16413
		无焰燃烧时间		移去喷灯后，6 块试件的无焰燃烧时间的算术平均值应不大于 20，每块试件的无焰燃烧续燃时间最大单值应不大于 60	

4.4.6 立井井筒中玻璃钢罐道制成品的机械、安全性能及技术要求等应符合表 4.4.6 的规定。

表 4.4.6 玻璃钢罐道制成品的机械、安全性能及技术要求指标

项目	机械性能					安全性能		技术要求	
	抗拉强度(MPa)	抗弯强度(MPa)	弹性模量(MPa)	滚动磨损30a(mm)	滚动磨损30a(mm)	表面电阻(Ω)	阻燃性能(s)	罐道直线度(‰)	罐道扭曲度(‰)
指标	≥160	≥130	1.9×10^5	≤1	≤3	$\leqslant3\times10^8$	<15	0.7	0.7

注：阻燃性能为有焰续燃总时间。

4.5 其他常用材料

4.5.1 用于立井井筒冻结段井壁与冻土之间的聚苯乙烯泡沫塑料板的物理机械性能应符合表 4.5.1 的规定。

表 4.5.1 聚苯乙烯泡沫塑料板的物理机械性能指标

序号	项目 \ 密度(kg/m³)		21	31
1	抗压强度(MPa)	压缩 10%	0.122	0.181
		压缩 25%	0.144	0.216
		压缩 50%	0.305	0.364
		压缩 75%	0.331	—
2	抗拉强度(MPa)		0.13	0.25
3	抗弯强度(MPa)		0.302	0.38
4	冲击强度(MPa)		0.046	0.049
5	冲击弹性(%)		28	30
6	耐热性(不变形)(℃)		75	75
7	耐寒性(不变形、不脆)(℃)		−80	−80
8	体积吸水率(24h)(%)		0.016	0.004

续表 4.5.1

序号	密度(kg/m³) 项目	21	31
9	吸声系数(700Hz～2000Hz)(%)	50～80(使用前须具体测定)	
10	导热系数[J/(m·s·℃)]	0.0315	0.0321
11	水分渗透[g/(m²·h)]	0.38	0.31

4.5.2 用于立井井筒中冻结段内、外层井壁之间的聚乙烯塑料薄板的物理机械性能应符合表 4.5.2 的规定。

表 4.5.2 聚乙烯塑料薄板物理机械性能指标

项目	指标
拉伸强度(MPa)	≥17
断裂伸长率(%)	≥450
直角撕裂强度(N/mm)	≥80
水蒸气渗透系数[g/(m·s·Pa)]	$\leqslant 1.0\times10^{-14}$
−70℃低温冲击脆化性能	通过
尺寸稳定性(%)	±3

4.5.3 立井井筒及硐室支护用钢纤维的尺寸及力学性能应符合表 4.5.3 的规定。

表 4.5.3 钢纤维特性

项目	指标
钢纤维的标称长度(mm)	15～60
钢纤维截面的直径或等效直径(mm)	0.3～1.2
钢纤维长径比或标称长径比	30～100
钢纤维的抗拉强度(MPa)	≥700

4.5.4 用于立井井筒及硐室支护的混凝土可根据需要掺加减水剂、早强剂等外加剂,外加剂及掺外加剂混凝土的性能应符合国家现行标准《混凝土外加剂》GB 8076、《混凝土防冻剂》JC 475 及设计的有关规定。

5 井筒装备

5.1 井筒平面布置

5.1.1 立井井筒平面布置应合理利用井筒断面，布置紧凑，减少井筒掘砌工程量，节省材料消耗，影响平面布置的主要因素有：

1 提升容器的种类、数量、最大外形尺寸；

2 井筒装备的类型、规格和平面布置尺寸；

3 提升容器之间以及提升容器与井筒装备、井壁之间的安全间隙；

4 井筒延深方式；

5 井筒所需通过的风量。

5.1.2 立井井筒装备可采用刚性罐道或柔性罐道。

5.1.3 提升容器间及提升容器最突出部分与井壁、罐道梁、井梁间的最小间隙应符合表5.1.3的规定。

表 5.1.3 提升容器间及提升容器最突出部分与井壁、罐道梁、井梁间的最小间隙值(mm)

间隙类别 罐道和井梁布置		容器与容器之间	容器与井壁之间	容器与罐道梁之间	容器与井梁之间	备注
刚性罐道	罐道布置在容器一侧	200	150	40	150	罐耳和罐道卡子之间为20
	罐道布置在容器两侧	—	150	40	150	有卸载滑轮的容器，滑轮和罐道梁间隙增加25
	罐道布置在容器正面	200	150	40	150	—
柔性(钢丝绳)罐道		500	350	—	350	设防撞绳时，容器之间最小间隙为200

5.1.4 井筒净直径宜按 0.5m 进级。净直径为 6.5m 以上的井筒，或采用钻井凿井法、沉井凿井法、帷幕凿井法施工的井筒，其直径可不受 0.5m 进级限制。

5.2 钢丝绳罐道

5.2.1 立井井筒采用钢丝绳罐道时，井筒装备选择和布置应符合下列规定：

1 单绳提升人员的罐笼应装备可靠的防坠器；

2 罐道绳宜采用密封或半密封式钢丝绳，对提升终端荷载较小，服务年限较短的矿井，也可采用 6 股 7 丝普通钢丝绳；

3 每个提升容器的罐道宜采用四角布置，受条件限制时也可采用四绳单侧布置；对提升终端荷载较小的浅井，可采用两绳对角或三绳三角布置；

4 罐道绳张紧装置宜采用井架液压拉紧或螺杆拉紧方式，也可采用井底重锤拉紧方式；每根罐道绳的拉紧力应为 8kN/100m～12kN/100m；

5 同一提升容器的各罐道绳的张力可相差 5%～10%。当提升容器为两根罐道绳时，各绳张力应相等。

5.3 刚性罐道和罐道梁

5.3.1 立井井筒采用刚性罐道时，应根据提升容器要求、终端荷载、提升速度及结构计算结果等确定罐道形式，可选用钢轨罐道、型钢组合罐道、冷弯方形型钢罐道、冷拔方管型钢罐道、玻璃钢复合罐道等。罐道型号可按表 5.3.1 选用并应符合下列规定：

1 钢轨罐道可采用 38kg/m 或 43kg/m 钢轨。

2 型钢组合罐道可采用球扁钢组合罐道或槽钢组合罐道。球扁钢组合罐道应采用球扁钢和扁钢组合焊成，槽钢组合罐道宜采用 16 号或 18 号或 20 号槽钢和扁钢焊成。

表 5.3.1 罐道型号

罐道名称 / 罐道型号		钢轨罐道(kg/m)	型钢组合罐道		冷弯冷拔型钢罐道(mm)	玻璃钢复合罐道(mm)
			球扁钢组合罐道(mm)	槽钢组合罐道(mm)		
型号	1	38	180×188	180×160	160×160	160×160
	2	43	200×188	180×180	180×180	180×180
	3	—	—	200×200	200×200	200×200
	4	—	—	—	220×220	—
	5	—	—	—	250×250	—

3 冷弯方形型钢罐道、冷拔方管型钢罐道,技术参数应符合国家现行标准《立井罐道用冷弯方形空心型钢》MT/T 557、《冷拔异型钢管》GB/T 3094 的有关规定。

4 玻璃钢复合罐道采用内衬钢芯、外包玻璃钢经模压热固化处理制成,其内衬钢芯厚度应经计算确定,但不得小于 6mm,外包玻璃钢厚度不得小于 4mm。玻璃钢罐道加工质量应符合本规范第 4.4 节和第 5.7 节的有关规定。

5.3.2 罐道荷载可按下列公式计算:

$$P_{y,k} = Q_k/12 \tag{5.3.2-1}$$

$$P_{x,k} = 0.8P_{y,k} \tag{5.3.2-2}$$

$$P_{v,k} = 0.25P_{y,k} \tag{5.3.2-3}$$

式中:$P_{y,k}$——罐道与罐道梁正面水平力标准值(MN);

$P_{x,k}$——罐道与罐道梁侧面水平力标准值(MN);

$P_{v,k}$——罐道与罐道梁的竖直力标准值(MN);

Q_k——提升绳端荷重(包括提升容器自重、滚动罐耳、首绳悬挂装置、尾绳悬挂装置及载重之和)标准值(MN)。

5.3.3 刚性罐道的强度、刚度验算应符合下列规定:

1 钢罐道验算宜满足下列公式要求:

$$\frac{M_{x1}}{W_{x1}} + \frac{M_{y1}}{W_{y1}} \leqslant f_1 \tag{5.3.3-1}$$

$$\frac{Z_1}{L_1} \leqslant \frac{1}{400} \tag{5.3.3-2}$$

式中：M_{x1}——在正面水平力作用下罐道的最大弯矩计算值(MN·m)；

M_{y1}——在侧面水平力作用下罐道的最大弯矩计算值(MN·m)；

W_{x1}、W_{y1}——对 x 轴、y 轴的净截面抵抗矩(m^3)；

f_1——罐道材料的强度设计值(MN/m^2)；

Z_1——罐道的挠度(m)；

L_1——罐道的跨度(m)。

2 玻璃钢复合罐道宜将两种材料的截面换算成一种材料的等价截面，按照钢罐道计算公式进行强度和刚度验算。

5.3.4 井筒内刚性罐道可采用单侧、双侧和端面等布置形式，并应符合下列规定：

1 提升速度低、终端荷载小的罐笼或箕斗，可采用钢轨罐道单侧或双侧布置；

2 提升速度较高、终端荷载较大的罐笼或箕斗，宜采用型钢组合罐道或玻璃钢复合罐道端面布置或双侧布置；

3 提升速度高、终端荷载大的罐笼或箕斗，宜采用冷弯方形型钢罐道或冷拔方管型钢罐道端面或双侧布置。

5.3.5 罐道梁可采用工字钢、槽钢组合、冷弯矩形空心型钢、冷拔矩形空心型钢等形式。罐道梁的强度、刚度验算宜满足下列公式要求：

$$\frac{M_{x2}}{W_{x2}} + \frac{M_{y2}}{W_{y2}} \leqslant f_2 \tag{5.3.5-1}$$

$$\frac{Z_2}{L_2} \leqslant \frac{1}{400} \tag{5.3.5-2}$$

式中：M_{x2}、M_{y2}——绕 x 轴、y 轴的弯矩计算值(MN·m)；

W_{x2}、W_{y2}——对 x 轴、y 轴的净截面抵抗矩(m^3)；

f_2——罐道梁材料的强度设计值(MN/m^2)；

Z_2——罐道梁的总挠度(含集中荷载及罐道梁自重等产生的挠度)(m)；

L_2——罐道梁的跨度(m)。

5.3.6 罐道梁可采用简支梁、连续梁或悬臂梁等支承形式。采用悬臂梁时,悬臂长度不宜超过700mm。悬臂梁强度验算可按下式:

$$\frac{Q_x L}{W_x} \leqslant f_u \tag{5.3.6}$$

式中:Q_x——悬臂梁所承受的集中荷载计算值(MN);

L——集中荷载作用点至井壁的距离(m);

f_u——悬臂梁材料的抗弯强度设计值(MN/m^2);

W_x——悬臂梁对 x 轴的净截面抵抗矩(m^3)。

5.3.7 罐道梁层间距应根据罐道类型及长度、提升容器作用在罐道上的荷载等计算确定。当采用钢轨罐道时,罐道梁层间距宜采用4.168m或6.252m;当采用型钢罐道(不含钢轨罐道)、型钢组合罐道、玻璃钢复合罐道时,罐道梁层间距宜采用4m、5m或6m。

5.3.8 井筒中各种梁在井壁上的固定方式应符合下列规定:

1 宜采用树脂锚杆、预埋钢板或梁窝埋入式,并宜优先采用树脂锚杆固定方式;

2 采用普通凿井法施工的井筒,各种梁在含水、不稳定表土层内严禁采用梁窝固定方式;

3 采用钻井凿井法施工的井筒,各种梁在钻井段内,以及采用其他特殊凿井法施工的井筒在表土层内,严禁采用梁窝固定方式。

5.3.9 当采用树脂锚杆固定立井井筒装备时,锚杆的锚固长度应满足锚固力要求,且不应超过双层井壁中内层井壁厚度的4/5、不宜超过单层井壁厚度的3/5。

5.3.10 树脂锚杆固定支座设计应符合下列规定:

1 固定单个支座的锚杆根数应按计算确定,但不得少于两根;

2 相邻两锚杆孔间距不宜小于180mm;

3 锚杆的锚固力应根据需要按计算确定,但每根锚杆的锚固力不应小于4.9×10^4N;

4　每根锚杆的锚固力应按下式计算：

$$P_{mg}=\pi d[\tau]L \tag{5.3.10}$$

式中：P_{mg}——树脂锚杆的锚固力(N)；

d——锚杆杆体直径(mm)；

L——锚固长度(mm)；

$[\tau]$——允许粘结力，可取 2.5N/mm^2。

5.3.11　罐道悬臂支座强度可按下式验算：

$$\frac{M_{x3}}{W_{y3}}+\frac{M_v}{W_{x3}}\leqslant f_3 \tag{5.3.11}$$

式中：M_{x3}——由水平力产生的弯矩计算值(MN·m)；

M_v——由竖向力产生的弯矩计算值(MN·m)；

W_{x3}、W_{y3}——悬臂支座截面对 x 轴、y 轴的截面系数(m^3)；

f_3——悬臂支座材料的强度设计值(MN/m^2)。

5.3.12　同一提升容器的相邻两根罐道的接头不应布置在同一个水平面内；当多根罐道安装在同一罐道梁上时，相邻两根罐道的接头位置应错开。

5.3.13　罐道接头布置应符合下列规定：

1　罐道的接头应设在罐道与罐道梁、悬臂支座连接的位置上；

2　罐道接头之间应有 2mm～4mm 间隙。

5.3.14　在井筒装备中，罐道梁不宜设置接头。当必须由两节组成时，接头应设在弯矩较小的地方，且上下两层罐道梁的接头处应错开布置；两节罐道梁连接时，宜采用夹板焊接或螺栓连接，连接处的强度不应小于罐道梁母体的强度。

5.3.15　罐道与罐道梁连接应有足够的强度，并应考虑结构简单、安装和维修方便。

5.3.16　当井筒采用竖向可缩型井壁结构时，井筒装备相关构件应采用适合井壁沉降的结构形式。

5.4　梯　子　间

5.4.1　立井井筒梯子间设置应符合下列规定：

1 作为矿井安全出口的立井井筒，必须设置由井下通达地面的梯子间。

2 风井井筒可根据作为安全出口、安全检查等需要设置梯子间。

3 采用普通凿井法、井深超过300m时，宜每隔200m设置一个休息点。休息点可在靠近梯子间位置处的井壁上开凿一硐室与梯子间连通。

4 冻结凿井法或钻井凿井法施工段深度超过300m时，宜加大梯子间平台面积或适当设置休息平台；进入到普通凿井法施工段，宜每隔200m设置一个休息点。

5 采用普通凿井法施工的井筒在含水、不稳定地层内严禁设置休息硐室。

6 采用除注浆凿井法以外的特殊凿井法施工的井筒在特殊凿井段内严禁设置休息硐室。

5.4.2 梯子间布置可采用顺向、折返等形式，并宜采用折返式梯子间。

5.4.3 梯子间布置应符合下列规定：

1 梯子斜度不应大于80°；

2 梯子间相邻两个平台的竖直距离不应大于8m；

3 梯子孔左右宽度不应小于600mm，前后长度不应小于700mm；

4 梯子宽度不应小于400mm，梯阶间距不宜大于400mm，每架梯子上端伸出平台不应小于1000mm，梯子正面下端距井壁不应小于600mm。

5.4.4 梯子间宜采用玻璃钢材料或玻璃钢-钢复合材料制作，也可采用金属等材料制作。

5.5 过放保护和稳罐装置

5.5.1 立井提升井筒应在井底设置过放保护装置，并应符合下列规定：

1 保护装置应具有制动和托罐两种功能；

2 制动装置宜采用安全可靠的立井提升防过放装置，也可采用楔形木罐道或其他行之有效的吸能缓冲装置；

3 托罐装置可采用带缓冲木或缓冲橡胶的钢质托罐梁。

5.5.2 井底过放保护装置设计应符合下列规定：

1 过放距离应符合现行《煤矿安全规程》的规定。

2 过放保护装置应能在过放距离内将全速过放的容器或平衡锤平稳地停住，并保证不再反弹。

3 井底过放保护装置设计最大制动减速度，对空载容器和平衡锤不得大于 5g，对有载人可能的空罐和重载容器不得大于 3g。

4 摩擦式提升机提升过放时，井底下降容器制动始点相对井口上升容器制动始点应有一定超前距。当使用立井提升防过放装置时，超前距数值可采用 0.5m～1.0m，当使用楔形木罐道时，超前距数值可采用 1.5m～2.0m。

5 在各种可能荷载状态下过放时，井下容器制动终点与井上容器制动终点计算差距不应大于 4m。

6 井底过放保护装置的制动性能应长期保持稳定。防过放装置应具有故障快速解锁、防腐、防尘和抗连续过卷能力。

7 井底托罐梁的设置应符合下列规定：

1）井上最大过卷高度不得大于井底最大过放高度 2m；

2）托罐梁及其支持梁强度应按承受 4 倍最大制动荷载不产生永久变形设计；

3）托罐梁顶面距最大荷载状态下计算制动终点时的容器底面不得小于 1.5m。

8 带尾绳的提升容器应设置尾绳保护装置，保护装置应具有尾绳防扭结、防磨、防砸等功能。保护装置宜设在托罐梁梁下，并应便于检修。

9 井底过放部分的井筒装备应有切实可行的检修措施。

5.5.3 有人员上、下的井筒，在井下各水平进出车两侧马头门上方井壁与容器间应设防砸保护板。井筒淋水较大的罐笼井，井底各水平进出车两侧马头门上方沿井壁应做截水槽，用管路沿两边将水导引至水沟。马头门两侧应做淋水棚，卸长材侧的淋水棚应可移动。截水槽和防砸板亦可合并设置。

5.5.4 罐笼井马头门、箕斗井装载硐室处井筒内应设钢套架，支撑该处的罐道、安全门等，结构应采用螺栓连接。钢套架及罐道设置应符合下列规定：

1 套架立柱间在不影响使用位置应加横梁连接，边立柱应与侧壁加横向支撑，井筒内两边梁可加水平支撑与井壁连接。

2 采用端面刚性罐道或绳罐道的井筒，在钢套架处应变换成刚性侧罐道或四角罐道。四角罐道应能承受容器运行正常水平力和装载冲击力，并应保证刚度、防止变形。

3 箕斗井可只变换装载端为角罐道，后部仍可为连续端面钢罐道。

4 在不经常进出车的端面罐道罐笼井管子道，可不变换罐道形式而采用可左右移动或上下伸缩的活动端罐道。

5 在不经常进出车的绳罐道罐笼井中间水平，可采用活动四角稳罐装置。

5.5.5 托罐梁、防过放装置安装梁、楔形木罐道顶梁，钢套架顶梁、底梁宜采用预留梁窝固定，其他钢套架梁等可采用锚杆托架固定。

5.5.6 双层或多层罐笼同时上下人员的井筒，井底水平应设置人行平台或人行地道，人行平台在卸长材料侧应设计成可开启结构。平台两边缘处至旋顶净高不得小于1.6m。井下与井筒连接的各轨道水平、人行地道、管子道等通道处，应将提升容器与井壁之间或井梁与井壁之间的空缺部分进行铺板。铺板的侧边应加护栏防止人员坠井。

5.5.7 淋水棚、防砸板、截水槽、人行平台及各通道铺板与提升容器之间安全间隙不应小于50mm。

5.6 管路及电缆的敷设

5.6.1 井筒中各类管路的敷设应符合下列规定：

1 管路布置应考虑安装、检修和更换方便，并宜集中一侧布置，以利用同一托管梁；

2 在设有梯子间的井筒中，管路宜靠近梯子间主梁或罐道梁并与罐笼长边平行布置；管子导向梁宜利用罐道梁或梯子梁，其层间距宜与罐道梁、梯子梁相一致；

3 当管路垂高较大时，宜在中间加设若干直管座及其支承梁，其间距可取100m～150m；

4 在下端与支撑梁刚性连接的管路段，当上端设有支撑梁时，宜设置管路伸缩装置。

5.6.2 井筒中各类电缆的敷设应符合下列规定：

1 电缆敷设应出线简单，易于安装、检修和更换；

2 电缆悬挂点的间距，在立井井筒内不宜超过6m，并宜与罐道梁、梯子梁的层间距相一致；

3 在同一井筒内的通信电缆应敷设在距动力电缆0.3m以外的地方；

4 各类电缆卡应留有备用量。

5.7 井筒装备的腐蚀与防护

5.7.1 立井井筒装备中钢结构构件的腐蚀性等级及腐蚀速率可按现行行业标准《建筑钢结构防腐蚀技术规程》JGJ/T 251确定。

5.7.2 煤矿井筒装备防腐蚀设计应根据腐蚀环境、矿井设计服务年限等因素提出安全可靠、技术可行、经济合理的防腐蚀设计方案，并应符合现行行业标准《煤矿井筒装备防腐蚀技术规范》MT/T 5017中的有关规定。

5.7.3 根据矿井的实际条件，可选择普通防腐、重防腐、长效防腐。

6 井筒支护

6.1 一般规定

6.1.1 井筒支护中，井壁结构的承载力设计应采用下列设计表达式：

$$\gamma_0 S(\nu_k P_0) \leqslant R \tag{6.1.1-1}$$

$$R = R(f_c, f_y', \cdots) \tag{6.1.1-2}$$

式中：γ_0——结构重要性系数；

$S(\cdot)$——内力组合计算函数；

ν_k——结构安全系数；

P_0——作用在结构上的荷载标准值；

R——结构的承载力；

$R(\cdot)$——结构的承载力函数；

f_c——混凝土轴心抗压强度设计值（MN/m^2），当采用应力表达式进行混凝土结构构件的承载力极限状态验算时，多轴应力状态混凝土强度取值和验算可按现行国家标准《混凝土结构设计规范》GB 50010 执行；

f_y'——钢筋抗压强度设计值（MN/m^2）。

6.1.2 当采用普通凿井法、冻结凿井法、钻井凿井法、沉井凿井法井筒支护时，井壁不同受力状态下的结构安全系数 ν_k 选取应符合本规范表 3.0.2 的规定；当采用帷幕凿井法井筒支护时，应符合本规范第 6.6.5 条第 2 款的规定。

6.1.3 现浇钢筋混凝土井壁配筋应符合下列规定：

1 全截面配筋率不应小于 0.4%；当混凝土强度等级为 C60 及以上时，配筋率不应小于 0.5%；

2 截面单侧配筋率不应小于 0.2%；

3 配置构造钢筋宜符合表 6.1.3 的规定；

4 钢筋保护层(钢筋外边缘至混凝土表面的最小距离)厚度，内缘钢筋宜为 50mm，外缘钢筋宜为 70mm。

表 6.1.3 井壁构造配筋

井筒深度(m)	钢筋最小直径(mm)	钢筋最大间距(mm)	钢筋最小间距(mm)
100	16	330	200
200	18	300	200
＞300	20	300	150

注：本表适用于深度不大于 600m 的井筒。

6.1.4 井塔(架)影响段井壁计算应符合下列规定：

1 普通凿井法、冻结凿井法施工的井筒，井塔(架)影响段井壁应按本规范附录 B 的规定计算；当井塔直接支承在井筒上时，井塔影响段井壁应计算 N_0(井塔嵌固水平的轴向力)、Q_0(井塔嵌固水平的水平力)、M_0(井塔嵌固水平的弯矩)等荷载的作用；

2 钻井凿井法、沉井凿井法、帷幕凿井法施工的井筒，采用井塔提升时，井塔应采用箱型基础，井塔影响段井壁应按本规范附录 B.1 的规定计算。

6.2 普通凿井法井筒支护

6.2.1 普通凿井法的井筒宜采用整体浇筑混凝土、钢筋混凝土井壁支护。有装备的井筒不得采用喷射混凝土和金属网、喷射混凝土及锚杆、金属网、喷射混凝土或料石、混凝土砌块作为永久支护。

6.2.2 井壁接茬处应采取可靠的封水措施。

6.2.3 井壁所受径向荷载标准值计算应符合下列规定：

1 表土层段井壁所受径向荷载标准值计算应符合下列规定：

1)均匀荷载标准值应按下式计算：

$$P_k = 0.013H \tag{6.2.3-1}$$

式中：P_k——作用在结构上的均匀荷载标准值(MPa)；

0.013——似重力密度(MN/m^3)；

H——所设计的井壁表土层计算处深度(m)。

2)不均匀荷载标准值应按下列公式计算：

$$P_{A,k} = P_k \tag{6.2.3-2}$$

$$P_{B,k} = P_{A,k}(1+\beta_t) \tag{6.2.3-3}$$

$$\beta_t = \frac{\tan^2\left(45^\circ - \dfrac{\phi - 3^\circ}{2}\right)}{\tan^2\left(45^\circ - \dfrac{\phi + 3^\circ}{2}\right)} - 1 \tag{6.2.3-4}$$

式中：$P_{A,k}$、$P_{B,k}$——最小、最大荷载标准值(MPa)；

β_t——表土层不均匀荷载系数；

ϕ——土层内摩擦角(°)，以井筒检查钻孔资料为准，也可按表 6.2.3 选用。

表 6.2.3　岩(土)层水平荷载系数表

秦氏岩(土)层分类	物理力学性质					$\tan^2(45^\circ-\phi_n/2)$ 或 $\tan^2(45^\circ-\phi_n'/2)$	
	容重(kN/m³)	土层内摩擦角 ϕ		岩层内摩擦角 ϕ'			
		最小～最大	平均	最小～最大	平均	最大～最小	平均
流砂	—	0°～18°	9°	—	—	1.0～0.528	0.729
松散岩石(砂土类)	15～18	18°～26°34′	22°15′	—	—	0.528～0.382	0.450
软地层(黏土类)	17～20	26°34′～40°	30°	—	—	0.382～0.217	0.333
弱岩层　f=1～3(软页岩、煤等)	14～24	—	—	40°～70°	55°	0.217～0.037	0.099
中硬岩　f=4～6(页岩、砂岩、石灰岩)	24～26	—	—	70°～80°	75°	0.031～0.008	0.017
坚硬岩层 f=8～10(硬砂岩、石灰岩、黄铁矿)	25～28	—	—	80°～85°	82°30′	0.008～0.002	0.004

注：表中，f 为岩石硬度系数(普氏岩石硬度系数)。

2 基岩段井壁所受径向荷载标准值计算应符合下列规定：

1）均匀荷载标准值可按下列公式计算：

$$P^{s}_{n,k}=(\gamma_1 h_1+\gamma_2 h_2+\cdots+\gamma_{n-1}h_{n-1})A_n \quad (6.2.3\text{-}5)$$

$$P^{x}_{n,k}=(\gamma_1 h_1+\gamma_2 h_2+\cdots+\gamma_n h_n)A_n \quad (6.2.3\text{-}6)$$

$$A_n=\tan^2(45^\circ-\phi'_n/2) \quad (6.2.3\text{-}7)$$

式中：$P^{s}_{n,k}$、$P^{x}_{n,k}$——第 n 层岩层顶、底板作用井壁上的均匀荷载标准值（MPa）；

h_1、h_2、…、h_n——各岩层厚度（m）；

γ_1、γ_2、…、γ_n——各岩层的重力密度（MN/m^3）；

A_n——岩（土）层水平荷载系数，可按表 6.2.3 选用；

ϕ'_n——第 n 层岩层内摩擦角（°），以井筒检查钻孔资料为准，也可按表 6.2.3 选用。

2）不均匀荷载标准值可按下列公式计算：

$$P_{A,k}=P^{x}_{n,k} \quad (6.2.3\text{-}8)$$

$$P_{B,k}=P_{A,k}(1+\beta_y) \quad (6.2.3\text{-}9)$$

式中：β_y——岩层水平荷载不均匀系数，以井筒检查钻孔资料为准；或当岩石倾角小于或等于 55°时，β_y 可取 0.2。

3）岩石破碎带均匀荷载标准值应按下列公式计算：

$$P^{s}_{n,k}=(\gamma_{k+1}h_{k+1}+\gamma_{k+2}h_{k+2}+\cdots+\gamma_{n-1}h_{n-1})A_n \quad (6.2.3\text{-}10)$$

$$P^{x}_{n,k}=(\gamma_{k+1}h_{k+1}+\gamma_{k+2}h_{k+2}+\cdots+\gamma_n h_n)A_n \quad (6.2.3\text{-}11)$$

式中：k——破碎带以上岩层层数。

6.2.4 表土层段井壁所受的竖向荷载标准值可按下列公式计算：

$$Q_{z,k}=Q_{z1,k}+Q_{f,k}+Q_{1,k}+Q_{2,k} \quad (6.2.4\text{-}1)$$

$$Q_{f,k}=P_{f,k}F_w \quad (6.2.4\text{-}2)$$

式中：$Q_{z,k}$——井壁所受的竖向荷载标准值（MN）；

$Q_{z1,k}$——计算截面以上井壁自重标准值（MN）；

$Q_{f,k}$——计算截面以上井壁所受竖向附加总力标准值（MN）；

$P_{f,k}$——计算截面以上井壁外表面所受竖向附加力的标准值（MN/m^2）；

F_w——计算截面以上井壁外表面积(m^2)；

$Q_{1,k}$——直接支承在井筒上的井塔重量标准值(MN)；

$Q_{2,k}$——计算截面以上井筒装备重量标准值(MN)。

6.2.5 井筒井壁厚度可按下列方法拟定：

1 通过工程类比初步拟定；

2 按下列公式计算初步拟定混凝土井壁厚度：

$$t = r_n\left(\sqrt{\frac{f_s}{f_s - 2\gamma_0 P}} - 1\right) \quad (6.2.5\text{-}1)$$

$$\text{混凝土井壁：} f_s = 0.85 f_c \quad (6.2.5\text{-}2)$$

$$\text{钢筋混凝土井壁：} f_s = f_c + \rho_{min} f'_y \quad (6.2.5\text{-}3)$$

$$P = \nu_k P_k \quad (6.2.5\text{-}4)$$

式中：t——井壁厚度(m)；

r_n——计算处井壁内半径(m)；

f_s——井壁材料强度设计值(MN/m^2)；

f_c——混凝土轴心抗压强度设计值(MN/m^2)；

f'_y——钢筋抗压强度设计值(MN/m^2)；

P——计算处作用在井壁上的设计荷载计算值(MPa)；

γ_0——结构重要性系数；

ν_k——结构安全系数；

P_k——作用在结构上的均匀荷载标准值；

ρ_{min}——井壁截面的最小配筋率，应按本规范第 6.1.3 条的规定采用。

6.2.6 表土层段井筒的井壁环向内力及承载力宜按本规范附录 A.1 的规定计算。三向应力作用下井壁承载力计算宜按本规范附录 A.3 的规定计算。表土层与基岩交界面上下结构强度计算宜按本规范附录 A.4 的规定计算。

6.2.7 井壁竖向承载力应满足下式要求：

$$\gamma_0 \nu_k Q_{Z,k} \leqslant f_c A_0 + f'_y A_z \quad (6.2.7)$$

式中：A_z——竖向钢筋横截面积(m^2)；

A_0——计算截面井壁横截面面积(m^2)；

f'_y——钢筋抗压强度设计值(MN/m^2)。

6.2.8 基岩段井筒的井壁厚度可按下列方法确定：

1 按类比法确定；

2 采用表6.2.8推荐的经验数值；

3 有条件时，可按本规范第6.2.3条、第6.2.5条及附录A.1中有关公式计算。

表6.2.8 基岩段混凝土井壁厚度经验数值

井筒直径(m)	井壁厚度(mm)
3.0～4.5	300
4.5～5.0	300～350
5.0～6.0	350～400
6.0～7.0	400～450
7.0～8.0	450～500

注：本表适用于深度不大于600m且直径为3.0m～8.0m的井筒，深度大于600m或直径大于8.0m的井筒，可适当加大井壁厚度或提高混凝土强度等级。

6.3 冻结凿井法井筒支护

6.3.1 冻结凿井法施工的立井井筒支护应根据地质、水文地质、井筒直径等条件及使用功能的要求，选择带夹层的双层复合井壁、双层井壁、单层井壁等结构形式。当井筒承受竖向附加力作用时，可采用“抗”或“让”的井壁结构形式；井壁材料可根据承载及封水要求选择混凝土类材料、钢(铁)类材料或两类材料的复合。

6.3.2 冻结凿井法井筒支护应符合下列规定：

1 **冻结凿井法井筒掘砌深度必须进入稳定基岩并设置壁基。**

2 采用图6.3.2所示壁基结构形式时，壁基高度计算应满足下式要求，并不应小于10m：

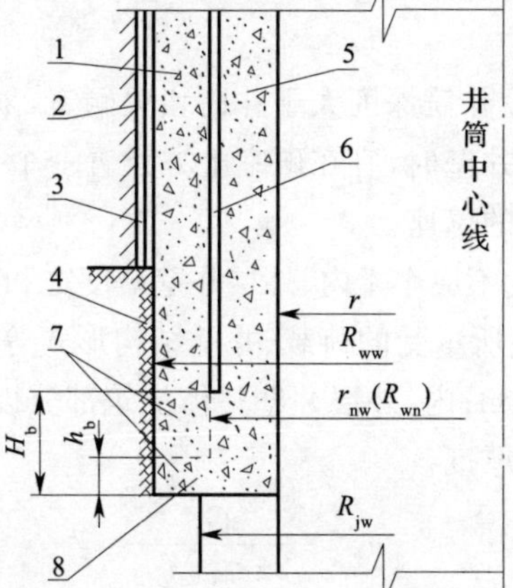

图 6.3.2 壁基、壁座计算简图

1—外井壁；2—表土层；3—泡沫塑料板；4—基岩；
5—内井壁；6—塑料夹层；7—壁基；8—壁座

$$H_b \geqslant \frac{G + N_f - \pi(R_{ww}^2 - R_{jw}^2)[\sigma] - \pi(R_{jw}^2 - r^2)f_c}{2\pi R_{ww}\tau_n - G_1} \quad (6.3.2\text{-}1)$$

式中：H_b——壁基高度(m)；

G——壁基以上井筒内、外井壁的计算重量(MN)；

N_f——壁基以上井筒所受到的竖向附加力计算值(MN)；

r——井筒内半径(m)；

R_{wn}——外井壁内半径(m)；

R_{ww}——外井壁(壁基)外半径(m)；

R_{jw}——基岩段井壁外半径(m)；

G_1——每延米壁基的计算重量(MN)；

$[\sigma]$——壁基下部围岩容许压应力(MPa)；

f_c——混凝土轴心抗压强度设计值(MPa)；

τ_n——壁基外缘与围岩的粘结强度(MPa)；τ_n＝0.5MPa～2.0MPa，混凝土强度等级高、围岩岩性好，τ_n 取上限，反之取下限。

3　冻结凿井法井筒掘砌的底部必须将内、外层井壁整体浇筑作为壁座。

4　当冻结段井筒深度大于井筒相关硐室，采用双层井壁或带夹层的双层复合井壁时，宜在硐室上方设置一个一定高度的内、外层井壁整体浇筑的壁座。

5　壁座厚度不应小于内、外层井壁厚度之和；壁座的高度应根据围岩强度、壁座所承受的荷载、井壁结构形式等按式(6.3.2-2)计算，但不应小于4m；内、外层井壁整体浇筑部分以下井壁应渐变至正常基岩段井壁厚度。

$$h_b \geqslant \frac{G_n}{2\pi r_{nw}[f_j]} \tag{6.3.2-2}$$

式中：h_b——内外井壁整体浇筑段高度(m)；

G_n——整体浇筑段以上井筒内井壁的计算重量(MN)；

r_{nw}——内井壁外半径(m)；

$[f_j]$——混凝土容许抗剪强度(MN/m^2)。

6　冻结壁与现浇混凝土井壁之间宜根据冻结壁的位移量铺设25mm～75mm厚的泡沫塑料板。

7　内、外层井壁之间宜铺设厚度为1.5mm～3.0mm的塑料夹层，也可铺设两层柔韧性较好的沥青油毡。

8　当采用双层井壁(或带夹层的双层复合井壁)结构时，内、外层井壁之间应进行注浆；当采用单层井壁时，应对井壁接茬和壁后进行注浆。

9　冻结段井筒内层、外层井壁厚度均不应小于300mm。

6.3.3　井壁所受径向荷载标准值计算应符合下列规定：

1　表土段内、外层井壁整体所受径向荷载标准值计算应符合下列规定：

1)均匀荷载标准值应按本规范公式(6.2.3-1)计算；

2)不均匀荷载标准值应按下列公式计算：

$$P_{A,k} = P_k \tag{6.3.3-1}$$

$$P_{B,k} = P_{A,k}(1+\beta_t) \tag{6.3.3-2}$$

式中：β_t——表土层不均匀荷载系数，冻结法凿井时，$\beta_t=0.2\sim0.3$。

2 内、外层井壁分别承受的径向荷载标准值计算应符合下列规定：

1) 内层井壁荷载标准值应按下式计算：

$$P_{n,k} = 0.01k_z H \tag{6.3.3-3}$$

式中：$P_{n,k}$——内层井壁所承受的荷载标准值（MPa）；

k_z——荷载折减系数，取0.81～1.00；

0.01——水的重力密度（MN/m^3）；

H——所设计的井壁计算处深度（m）。

2) 外层井壁承受的冻结压力标准值 $P_{d,k}$ 宜按冻土（岩）试验、实测等资料选取，也可按表6.3.3选取。

表 6.3.3 冻结压力标准值

表土层深度 H(m)	100	150	200～400	400～500
冻结压力 $P_{d,k}$ (MPa)	1.2～1.5	1.5～1.8	0.01H	(0.01～0.012)H

注：表中 $P_{d,k}$ 为不同深度黏土层冻结压力统计值。

6.3.4 井壁所受的竖向荷载标准值应按本规范式(6.2.4-1)计算。

6.3.5 冻结凿井法井筒支护应符合下列规定：

1 当采用双层井壁（或带夹层的双层复合井壁）结构时，内层井壁应满足承受水压、竖向荷载等荷载的要求；外层井壁应满足承受冻结压力及井壁吊挂、抗裂、稳定性计算的要求；双层井壁应满足整体承受永久水土压力及竖向荷载等荷载的要求。

2 当采用单层井壁结构时，在施工期间，井壁应满足承受冻结压力、注浆压力及井壁吊挂、抗裂的要求；在生产期间，井壁应满足承受永久水土（岩）压力、竖向荷载、稳定性计算的要求。

6.3.6 冻结凿井法井筒的井壁厚度应按下列公式计算初步拟定：

$$t = r_n\left(\sqrt{\frac{f_s}{f_s - 2\gamma_0 P}} - 1\right) \tag{6.3.6-1}$$

$$\text{混凝土井壁：} f_s = 0.85f_c \tag{6.3.6-2}$$

钢筋混凝土井壁：$f_s = f_c + \rho_{min} f'_y$ （6.3.6-3）

$$P = \nu_k P_k \quad (6.3.6\text{-}4)$$

式中：P——计算处作用在井壁上的设计荷载计算值（MPa）。根据不同受力状况，采用冻结压力、均匀水土压力、静水压力等相应的荷载计算值。

6.3.7 表土层段井筒的井壁圆环内力及承载力应按本规范附录A.1的规定计算。表土层与基岩交界面上下结构强度计算应按本规范附录A.4的规定计算。

6.3.8 井壁竖向承载力应按下列规定计算：

1 井壁在自重力和竖向附加力等共同作用下的竖向承载力应符合本规范第6.2.7条的规定；

2 外层井壁在吊挂力作用下的承载力应按下列公式计算：

$$\gamma_0 N_d \leqslant f_y A_z \quad (6.3.8\text{-}1)$$

$$N_{d,k} = \pi \gamma_h h_d (R_{ww}^2 - R_{wn}^2) \quad (6.3.8\text{-}2)$$

$$N_d = \nu_k N_{d,k} \quad (6.3.8\text{-}3)$$

式中：N_d——井壁吊挂力的计算值（MN）；

$N_{d,k}$——井壁吊挂力的标准值（MN）；

h_d——井壁吊挂段高（m），取 h_d = 15m～20m；

γ_h——混凝土（或钢筋混凝土）的重力密度（MN/m^3）。

6.3.9 冻结凿井法井壁钢筋配置应符合下列规定：

1 井壁配筋率应根据计算确定，最小配筋率应符合本规范第6.1.3条的规定；

2 竖向钢筋宜选用直螺纹或锥螺纹连接，连接质量应符合现行行业标准《钢筋机械连接技术规程》JGJ 107中有关标准的最高等级；钢筋搭接长度应符合现行国家标准《混凝土结构设计规范》GB 50010的规定；

3 钢筋间距宜为150mm～330mm，构造钢筋配置应符合本规范表6.1.3规定。

6.3.10 井壁环向稳定性应按本规范附录A.2的规定计算。

6.3.11 三向应力作用下井壁的承载力可按本规范附录 A.3 的规定计算。

6.4 钻井凿井法井筒支护

6.4.1 钻井凿井法井壁结构应按所受荷载设计，井壁底应能承受井壁悬浮下沉时所受内外压力的作用。

6.4.2 钻井凿井法的井筒支护深度应符合下列规定：

1 **钻井凿井法的井筒支护深度必须进入不透水的稳定基岩。**

2 进入不透水稳定基岩的深度应根据所需抵抗井壁下滑的围抱力等因素确定，但不得小于 10m，且不得小于 3 倍井壁底的外半径。

6.4.3 井筒设计净直径计算应符合下列规定：

1 当井筒中心的坐标可按成井实测位置调整时，应按下式计算：

$$D_s = D_y + H\eta \tag{6.4.3-1}$$

2 当井筒中心的坐标不允许按成井实测位置调整时，应按下式计算：

$$D_s = D_y + 2H\eta \tag{6.4.3-2}$$

式中：D_s——井筒净断面的设计直径(m)；

D_y——井筒净断面的有效直径(m)；

H——井壁设计深度(m)；

η——成井偏斜率(‰)，提升井 $\eta \leqslant 0.4$‰；非提升井 $\eta \leqslant 0.6$‰。

6.4.4 根据井筒支护材料及结构不同，井壁可分为钢筋混凝土井壁和钢板-混凝土复合井壁等类型，宜选用钢筋混凝土井壁。

6.4.5 钢板-混凝土复合井壁的混凝土强度等级不宜低于 C45；钢板筒宜采用 Q235、Q345、Q390、Q420 等型号钢材，钢板厚度除应满足计算要求外，还应预留有 2mm 的腐蚀层，钢板厚度宜为 15mm～50mm；法兰盘宜采用 Q235 钢。

6.4.6 钢板-混凝土复合井壁内层钢板筒的设置应符合下列

规定：

1 **内层钢板筒的内侧必须进行防腐蚀处理；**

2 内层钢板筒的外侧应设置锚固件；

3 **内层钢板筒必须设置泄水孔；**

4 泄水孔直径宜为 15mm～25mm，孔间距不宜大于 2.5m。

6.4.7 井壁的节高应按提吊设备能力等因素确定，并应与井筒装备罐道梁层间距相适应，除最上部一节及井壁底以上若干节外，单节井壁的节高宜为 3.5m～8.0m。

6.4.8 井壁应设上法兰盘和下法兰盘。法兰盘可采用单钢板法兰盘、型钢法兰盘和梁板式法兰盘等形式。单钢板和梁板式法兰盘板厚不宜小于 15mm，型钢法兰盘槽钢型号不宜小于 16 号普通槽钢，角钢宜选用边长为 80mm～100mm 的角钢。加劲肋板厚度不宜小于 10mm，间距宜为 200mm～300mm。

6.4.9 法兰盘内外缘均应采用连续焊缝焊接；井壁应进行节间注浆，并应在井壁的下法兰盘上留设注浆管，在钢板混凝土井壁的内层钢板筒下端留有节间注浆孔。

6.4.10 当井筒深度小于 400m 时，开拓马头门的井筒，在马头门上方不少于 20m 范围内应设检查孔；继续掘进的井筒，在井壁底底部及其上方不少于 30m 范围内应设检查孔；当井筒深度大于 400m 时，在马头门或井壁底结构上方预留壁后检查孔的范围宜加大。检查孔应沿井壁周圈均匀布置，每层不应少于 6 个，孔间距不宜大于 3m，层间距不宜大于 5m，上下水平孔位应居中错开，并应保证马头门正上方有孔，井壁底底部设孔不应少于 3 个。

6.4.11 井壁底结构形式应根据井筒深度、提吊设备能力、混凝土振捣的质量水平、模壳加工难易程度等因素选择。宜选用削球壳、半椭圆回转扁球壳或半球壳等形式，其厚度宜与井壁厚度相同。

6.4.12 井壁和井壁底中受力钢筋的混凝土保护层厚度（钢筋外边缘至混凝土表面的最小距离）：钢筋混凝土井壁不应小于 40mm；内层钢板-钢筋混凝土复合井壁内、外侧钢筋的保护层厚度分别不应小于 25mm、40mm。

6.4.13 井壁钢筋最小配筋率应符合本规范第 6.1.3 条第 1 款的规定；井壁环向钢筋间距不宜小于 150mm，竖向钢筋间距不宜小于 220mm；竖向钢筋两端应与井壁法兰盘焊接。

6.4.14 井壁底组合壳的配筋率不应小于 0.8%，筒体的配筋率应符合本规范第 6.1.3 条第 1 款的规定，钢筋宜采用内外层对称配置。井壁底组合壳中心部分钢筋可根据需要采用圆形钢板代替，其含钢量不应低于计算配筋量。

6.4.15 井壁底组合壳径向钢筋应延伸至井壁筒体内，作为井壁筒体的竖向钢筋。

6.4.16 井壁受力钢筋连接应符合下列规定：

1 竖向钢筋宜采用单根钢筋，需要多根钢筋连接时，应采用焊接或机械连接；

2 环向钢筋宜采用焊接接头，也可以采用绑扎搭接；

3 接头连接质量应符合现行国家标准《混凝土结构设计规范》GB 50010、《混凝土结构工程施工质量验收规范》GB 50204，现行行业标准《钢筋焊接及验收规程》JGJ 18、《钢筋机械连接技术规程》JGJ 107 的有关规定；采用焊接或机械连接时，连接处强度不得低于钢筋母体强度。

6.4.17 吊环设置应符合下列规定：

1 **吊环必须采用热轧碳素圆钢制作，严禁冷弯加工；**

2 应采用预埋方式固定，埋入井壁深度不应小于 $30d$（d 为吊环圆钢直径），且不应小于 1m，并应焊接在钢筋网上；

3 吊环应在井壁上对称布置；吊环个数不应少于 8 个，并宜为 4 的倍数。

6.4.18 每个吊环圆钢截面积可按下式计算：

$$A_s = \nu_d \nu_1 \frac{Q_j}{f_{y,y}} \frac{1}{2n_d} \tag{6.4.18}$$

式中：A_s——吊环圆钢截面积（mm^2）；

ν_d——吊装动力系数，取 $\nu_d = 1.5$；

ν_1——吊环受力不均匀系数，取 $\nu_1 = 1.35$；

Q_j——起吊井壁重量(N)；

$f_{y,y}$——圆钢抗拉强度设计值(N/mm^2)；

n_d——吊环数量(个)。

6.4.19 井壁法兰盘连接与计算应符合本规范附录 C 的规定。

6.4.20 钢板筒和法兰盘的加工与焊接应符合下列规定：

1 钢板-混凝土复合井壁中的钢板筒和井壁连接法兰盘可分段(片)加工与焊接，分段(片)尺寸应根据井筒直径、井壁节高及运输、加工等因素确定。

2 钢板筒和法兰盘各段(片)之间应采用对接焊缝，对接焊缝的坡口形式和尺寸应符合现行国家标准《气焊、焊条电弧焊、气体保护焊和高能束焊的推荐坡口》GB/T 985.1 和《埋弧焊的推荐坡口》GB/T 985.2 的有关规定。

3 钢板筒和法兰盘各组件之间连接焊缝金属宜与基本金属相适应。当不同强度的钢材连接时，可采用与低强度钢材相适应的焊接材料。

4 钢板筒和法兰盘各组件之间连接焊缝质量应符合现行国家标准《钢结构工程施工质量验收规范》GB 50205 的有关规定。

6.4.21 井壁及井壁底外荷载标准值计算应符合下列规定：

1 井壁所受永久径向均匀荷载标准值应按下列公式计算：

$$\text{表土层段：} P_k = 0.012H \qquad (6.4.21\text{-}1)$$

$$\text{基岩段：} P_{j,k} = 0.010H \qquad (6.4.21\text{-}2)$$

式中：P_k——表土层段井壁所受径向均匀荷载标准值(MPa)；

$P_{j,k}$——基岩段井壁所受径向均匀荷载标准值(MPa)；

0.012——似重力密度(MN/m^3)；

0.010——水的重力密度(MN/m^3)。

2 井壁所受径向不均匀荷载标准值应按下列公式计算：

$$P_{a,k} = P_{A,k}(1 + \beta_z \sin\theta) \qquad (6.4.21\text{-}3)$$

$$表土层段：P_{A,k} = 0.012H \tag{6.4.21-4}$$

$$基岩段：P_{A,k} = 0.010H \tag{6.4.21-5}$$

式中：$P_{\alpha,k}$——井壁所受径向不均匀荷载标准值(MPa)；

$P_{A,k}$——井壁所受最小荷载标准值(MPa)；

β_z——不均匀压力系数，取0.10～0.20；

θ——不均匀荷载分布角度(°)，取0°～90°。

3 井壁所受竖向荷载标准值应按公式(6.2.4-1)和公式(6.2.4-2)计算。

4 井壁运输(提吊)时，其自重标准值应按下式计算：

$$N_{Z,k} = q_f h_z \tag{6.4.21-6}$$

式中：$N_{Z,k}$——运输(提吊)时井壁自重标准值(MN)；

q_f——单位长度井壁的重力(MN/m)；

h_z——井壁节高(m)。

5 井壁底所受临时荷载标准值应按下列公式计算：

$$P_{w,k} = \gamma_w H_w \tag{6.4.21-7}$$

$$P_{n,k} = \gamma_n H_n \tag{6.4.21-8}$$

式中：$P_{w,k}$——泥浆压力标准值(MPa)；

$P_{n,k}$——配重水压力标准值(MPa)；

γ_w——泥浆的重力密度(MN/m^3)，宜取0.012MN/m^3；井壁悬浮下沉初期宜取0.010MN/m^3；

γ_n——配重水的重力密度(MN/m^3)，取0.010MN/m^3；

H_w——泥浆液面距井壁底底部高度(m)；

H_n——配重水液面距井壁底底部高度(m)。

6.4.22 钻井法凿井井筒的井壁厚度应按下列计算初步拟定：

1 薄壁圆筒($t < r_w/10$)井壁应按下式计算：

$$t = \frac{\gamma_0 P r_n}{f_s - \gamma_0 P} \tag{6.4.22-1}$$

2 厚壁圆筒($t \geqslant r_w/10$)井壁应按下列公式计算：

$$t = r_n\left(\sqrt{\frac{f_s}{f_s - 2\gamma_0 P}} - 1\right) \tag{6.4.22-2}$$

$$f_s = f_c + \rho_{min} f'_y \qquad (6.4.22\text{-}3)$$

$$P = \nu_k P_k \qquad (6.4.22\text{-}4)$$

式中：P——计算处作用在井壁上的设计荷载计算值(MPa)，根据不同受力状况，采用均匀水土压力、静水压力、泥浆压力等相应的荷载计算值；

ρ_{min}——最小配筋率，应符合本规范第 6.1.3 条第 1 款的有关规定。

6.4.23 均匀压力作用下的井壁圆环内力及承载力宜按本规范附录 A.1.1 中关于钢筋混凝土井壁的规定计算。

6.4.24 不均匀压力作用下的井壁圆环内力及环向钢筋配筋宜按本规范附录 D.1、D.2 的规定计算。

6.4.25 井壁竖向钢筋配筋宜按本规范附录 D.3 的规定计算。

6.4.26 半球和削球式井壁底宜按本规范附录 E 的规定计算。

6.4.27 半椭圆回转扁球壳井壁底宜按本规范附录 F 的规定计算。

6.4.28 井壁稳定性应按下列规定验算：

1 井壁环向稳定性宜按本规范附录 A.2 的规定验算；

2 等厚井壁的竖向稳定性宜按下列公式验算：

$$H_{cr} = \sqrt[3]{\frac{AE_c I}{q}} \geqslant H \qquad (6.4.28\text{-}1)$$

$$A = \frac{\pi^2}{4 \times (0.13137 - 0.00766 K_{CT} + 0.00231 K_{CT}^2)} \qquad (6.4.28\text{-}2)$$

$$K_{CT} = \frac{F_s \gamma_w}{q} \qquad (6.4.28\text{-}3)$$

$$q = q_s + q_w \qquad (6.4.28\text{-}4)$$

式中：H_{cr}——井壁临界深度(m)；

I——井筒横截面惯性矩(m^4)；

q_s——每米井壁重量(N/m)；

q_w——每米井筒内平衡水重量(N/m)；

F_s——井筒的外断面积(m^2)；

A——系数值，可按表 6.4.28 选用；

K_{CT}——系数值，可按表 6.4.28 选用。

表 6.4.28 井壁竖向稳定性计算系数值

K_{CT}	A	K_{CT}	A	K_{CT}	A
0.0	18.78	0.70	19.41	0.84	19.50
0.1	18.89	0.72	19.42	0.86	19.51
0.2	18.99	0.74	19.43	0.88	19.52
0.3	19.09	0.76	19.45	0.90	19.53
0.4	19.18	0.78	19.46	1.00	19.58
0.5	19.26	0.80	19.47		
0.6	19.34	0.82	19.48		

6.4.29 钢板-混凝土复合井壁承载力应按本规范附录 G 的规定计算。

6.4.30 钢板-混凝土复合井壁中部宜预留壁后注浆孔。

6.4.31 钢板筒井壁对接时，根据需要可沿节间周边采用厚度不小于 10mm 的钢板补焊。

6.5 沉井凿井法井筒支护

6.5.1 沉井凿井法井筒支护宜采用现浇钢筋混凝土井壁，井壁强度应同时满足所受荷载作用和井壁下沉要求。

6.5.2 沉井井壁下沉深度宜进入不透水稳定地层 3.0m 以上；当沉井进入不透水地层的深度小于 3.0m 时，应采取封底措施。

6.5.3 沉井井筒内直径及外直径应按下列公式计算：

$$d = d_1 + H\eta \tag{6.5.3-1}$$

$$D = d + 2h \tag{6.5.3-2}$$

式中：d——沉井设计内直径（m）；

d_1——沉井有效内直径（m）；

H——沉井有效深度（m）；

D——沉井井筒外直径（m）；

h——沉井井壁厚度(m);

η——沉井允许偏斜率(%),不得大于0.5%。

6.5.4 刃脚钢板筒宜采用Q235或Q345级钢。

6.5.5 沉井井壁刃脚设计应符合下列规定:

1 刃脚宜采用锐角、钝尖和踏面断面形状。

2 刃脚宜采用钢筋混凝土钝尖,再穿钢靴的复合结构。

3 刃脚钢靴的类型及设计应符合下列规定:

1)钢板钢靴,钢板厚度不宜大于20mm;

2)圆钢钢靴,圆钢直径不宜大于28mm;

3)钢轨钢靴,钢轨规格不宜大于24kg/m。

4 刃脚钢靴高度不宜小于500mm。

5 刃脚外壁应做成锥形;锥角宜向外倾斜,倾斜率宜为1%~2%。

6 刃脚内应设置横向拉结钢筋,并应与钢靴的加强部件焊接。

6.5.6 采用泥浆或压气沉井的井筒,在刃脚上方的井壁内,应均匀预埋泥浆管或压气管。

6.5.7 沉井井壁钢筋设置应符合下列规定:

1 井壁受力钢筋间距宜采用150mm~300mm;

2 井壁联系钢筋竖向间距不宜大于600mm,水平间距不宜大于1000mm,直径应按8mm~12mm选用;刃脚联系钢筋竖向间距不宜大于300mm,水平间距不宜大于500mm,直径应按10mm~24mm选用;

3 刃脚内应均匀预埋吊挂钢筋,其直径不宜小于16mm,间距不宜小于300mm。

6.5.8 施工用的套井应符合下列规定:

1 采用沉井法施工的套井,应采用钢筋混凝土结构;

2 套井内径应大于沉井井筒外径,套井井壁内缘与沉井井壁外缘之间隙不得小于500mm;套井内、外径应按下列公式计算:

$$D_2 = D + 2L_1 + H_1\mu \qquad (6.5.8\text{-}1)$$

$$D_3 = D_2 + 2E \qquad (6.5.8\text{-}2)$$

式中：D_2——套井井筒内直径(m)；

D_3——套井井筒外直径(m)；

L_1——沉井与套井之间间隙(m)；

H_1——套井总深度(m)；

μ——套井偏斜率(%)，不得大于0.5%；

E——套井井壁厚度(m)。

3 套井结构应满足纠偏操作和储存泥浆的要求，其深度不宜大于15m；

4 套井内应设置纠偏工作台，其位置应高于地下最高水位1m～2m；

5 套井底部应坐落在不透水的黏土层中，距下部的砂层不宜小于3m；

6 套井上部应与锁口盘连成整体。

6.5.9 套井及沉井井壁的地层压力应按下式计算：

$$P_k = 0.012H \qquad (6.5.9)$$

式中：H——所设计的井壁计算处深度。

6.5.10 井筒支护应符合下列规定：

1 沉井凿井法井筒的井壁结构承载力设计应按本规范式(6.1.1-1)和式(6.1.1-2)计算；

2 井筒支护设计计算应满足径向荷载作用的要求，并应保证井筒整体的稳定性。

6.5.11 套井及沉井井壁厚度计算可按下列规定初步拟定：

1 通过工程类比初步拟定；

2 可按下列公式计算初步拟定钢筋混凝土井壁厚度：

$$t = r_n\left(\sqrt{\frac{f_s}{f_s - 2\gamma_0 P}} - 1\right) \qquad (6.5.11\text{-}1)$$

$$f_s = f_c + \rho_{min} f_y' \qquad (6.5.11\text{-}2)$$

$$P = \nu_k P_k \qquad (6.5.11\text{-}3)$$

式中：ν_k——钢筋混凝土结构安全系数；

ρ_{min}——井壁圆环截面最小配筋率(%)；应符合本规范第 6.1.3 条第 1 款的规定。

6.5.12 沉井凿井法井筒的井壁圆环内力及承载力宜按本规范附录 A.1 中关于钢筋混凝土井壁的规定计算。

6.5.13 沉井井壁结构(图 6.5.13)厚度验算应符合下列规定：

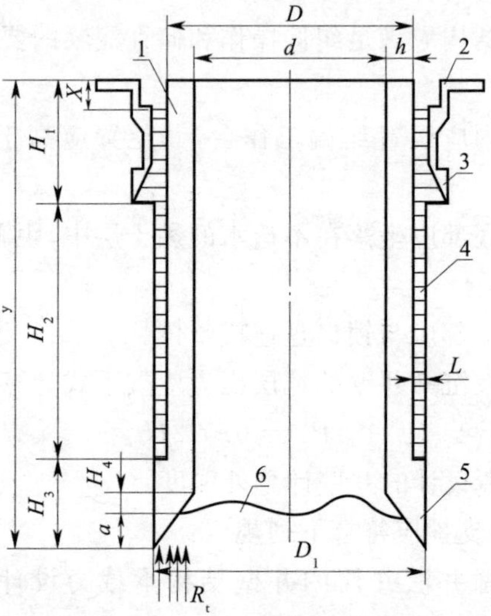

图 6.5.13 沉井井壁结构计算简图

1—井壁；2—套井井壁；3—套井刃脚；4—泥浆；5—沉井井壁刃脚；6—沉井工作面

注：图中，H_y 为沉井有效深度；H_4 为刃脚凸台至刃脚内缘边斜面点的距离；L 为沉井井壁与井帮之间的间隙(m)，$L=\frac{1}{2}(D_1-D)$。

1 井壁重率应按下式计算：

$$W=\frac{G}{S} \tag{6.5.13-1}$$

式中：W——井壁计算重率(kN/m²)，宜取 20kN/m²～26kN/m²；

G——沉井井壁自重(不扣除浮力)(kN)；

S——沉井井壁外表面积(m^2)。

2 按下沉条件验算时,应符合下列规定:

$$G' > 1.15T \quad (6.5.13\text{-}2)$$

$$G' = G_1 + G_2 + G_3 \quad (6.5.13\text{-}3)$$

$$T = T_1 + T_2 + N \quad (6.5.13\text{-}4)$$

$$T_1 = \pi D_1 H_3 F \quad (6.5.13\text{-}5)$$

$$T_2 = \pi D(H_2 + H_1 - X)F' \quad (6.5.13\text{-}6)$$

$$N = R_t \pi (D_1 - a\tan\beta) a \tan\beta \quad (6.5.13\text{-}7)$$

式中:G'——沉井总重(kN);

G_1——沉井井壁刃脚自重(不扣除浮力)(kN);

G_2——沉井井筒重量(不扣除浮力)(kN);

G_3——沉井壁后泥浆筒重量(不扣除浮力)(kN);

T——沉井下沉总阻力(kN);

T_1——刃脚外侧与土层间的侧面阻力(kN);

T_2——井壁外侧与触变泥浆的摩阻力(kN);

N——沉井正面阻力(kN);

D_1——刃脚外直径(m);

D——井筒外直径(m);

H_3——刃脚高度(m);

F——井壁与表土直接接触面之间的单位摩擦阻力(kN/m^2),可按表 6.5.13 选取;

H_2——套井刃脚尖以下至沉井刃脚台阶高度(m);

F'——井壁与泥浆之间的单位摩阻力(kN/m^2);沉井深度小于 50m 时,可取 $3kN/m^2 \sim 5kN/m^2$;沉井深度为 50m~100m 时,可取 $8kN/m^2$;沉井深度大于 100m 时,可取 $10kN/m^2$;

a——刃脚插入土层深度(m),可取 1m~2m;

β——刃脚尖夹角(°),可取 25°~30°;

R_t——土壤极限抗压强度,黏土层可取 $250kN/m^2 \sim 500kN/m^2$;

H_1——套井总深度(m)；

X——触变泥浆液面至套井井口高度(m)。

表 6.5.13 土的单位摩擦阻力

土的分类	摩擦阻力 $F(kN/m^2)$
黏土及黏性土	12.5～20.0
砂质黏土、含砾黏土	25.0～50.0
淤泥	12.0～25.0
砂及细砂	15.0～25.0
砾石及粗砂	20.0～30.0
流砂	12.0～25.0
卵石	15.0～30.0

6.6 帷幕凿井法井筒支护

6.6.1 混凝土帷幕进入不透水的稳定岩层中的深度不应小于3.0m。

6.6.2 采用帷幕凿井法施工的井筒，井壁结构设计应符合下列规定：

1 有装备的井筒，混凝土帷幕应作为临时支护，帷幕内自下而上套内层井壁作为永久支护；

2 无装备的井筒，混凝土帷幕可作为永久支护。

6.6.3 帷幕凿井法井筒混凝土帷幕(图 6.6.3)净半径应按下式计算：

$$R_1 = R_0 + B_0 + \frac{D + 0.1}{2} + iH \qquad (6.6.3)$$

式中：R_1——帷幕中心线半径(m)；

R_0——井筒净半径(m)；

B_0——套壁厚度(m)；

R——帷幕有效厚度净半径(m)；

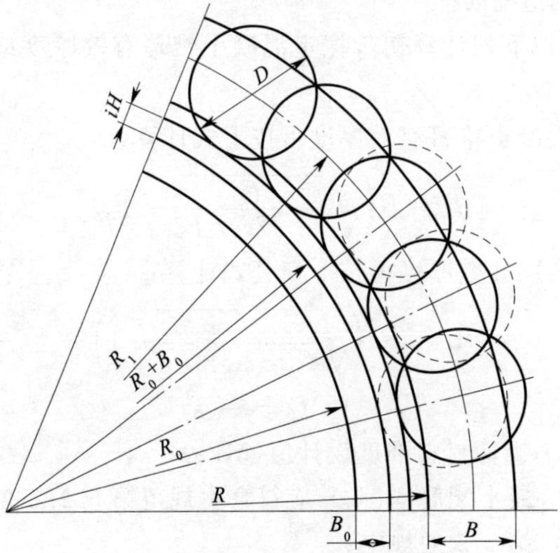

图 6.6.3 混凝土帷幕计算简图

B—混凝土帷幕有效厚度(m)

D——钻孔直径(m)；

0.1——钻进扩孔量(m)；

i——造孔最大允许偏斜率(%)；当钻孔深度小于 30m 时，可取 0.5%；当钻孔深度小于 50m 时，可取 0.4%；当钻孔深度大于 50m 时，可取 0.3%；

H——混凝土帷幕设计深度(m)。

6.6.4 帷幕凿井法施工井壁所受径向荷载标准值计算应符合下列规定：

1 单层井壁承受的径向荷载标准值应按下式计算：

$$P_k = 0.013H \tag{6.6.4-1}$$

2 内层井壁承受的径向荷载标准值应按下式计算：

$$P_{n,k} = 0.01k_z H \tag{6.6.4-2}$$

6.6.5 帷幕凿井法井筒的井壁厚度可按下列规定拟定：

1 通过工程类比初步拟定内层井壁厚度，但不宜小于 300mm，并宜配置构造配筋；

2 可按下列计算初步拟定混凝土帷幕有效厚度或内层井壁厚度：

1)混凝土帷幕有效厚度可按下式计算：

$$B = R\left(\sqrt{\frac{f_s}{f_s - 2\nu_k \gamma_0 P_k}} - 1\right) \tag{6.6.5-1}$$

2)内层井壁厚度可按下列公式计算：

$$B_0 = R_0\left(\sqrt{\frac{f_s}{f_s - 2\nu_k \gamma_0 P_k}} - 1\right) \tag{6.6.5-2}$$

$$f_s = f_c + \rho_{min} f'_y \tag{6.6.5-3}$$

式中：f_s——帷幕材料强度设计值(MPa)；

ρ_{min}——最小配筋率(%)，应符合本规范第 6.1.3 条第 1 款和第 2 款的规定；

ν_k——安全系数，当混凝土帷幕作为临时支护时，可取 1.7；当混凝土帷幕作为永久支护时，可取 3.4。

7 硐　室

7.1 马　头　门

7.1.1 马头门可分为双面斜顶式、双面平顶式及单面式等。

7.1.2 马头门尺寸应符合下列规定：

1 用罐笼提升的马头门应设双边人行道，其宽度不应小于1.0m；其高度和长度应满足设备布置和通过最长材料、下井最大件设备、罐笼同时进出车层数及操车设备的要求，且净高度不应小于4.5m。

2 用箕斗提升的马头门尺寸应根据检修、清理及施工需要确定。

3 风井马头门尺寸应根据通风、下长材料和施工需要确定。

7.1.3 马头门布置、断面形状及支护应符合下列规定：

1 马头门应布置在不含水（或弱含水）、比较稳定坚硬的岩（煤）层中，断面形状宜采用拱形。当侧压较大时，可采用马蹄形断面；当顶、侧、底压均较大时，可采用圆形全封闭断面。

2 马头门严禁布置在有煤（岩）与瓦斯（二氧化碳）突出危险的煤（岩）层，以及有冲击地压危险的煤层中。

3 马头门应采用不燃性材料支护。支护结构应进行受力分析。当马头门位于软岩岩层中时，可采用锚（索）喷或锚（索）喷加金属网作临时支护，并对围岩的变形进行观测，适时砌筑永久支护。

4 马头门每侧加强支护段长度应按受力计算确定，用罐笼提升的马头门每侧不应小于井筒净半径的3倍，用箕斗提升的马头门及风井马头门每侧不应小于5m。

5 马头门附近井壁应加强支护，且范围不应小于上下各2.0m。

7.1.4 信号室、控制室设置应符合下列规定：

1 罐笼井井底提升信号室可设于进车侧马头门两侧或上部；

2 操车设备控制室可与信号室联合布置；

3 有两套提升设备的井筒，信号室应分设在两边，控制室可集中在一边，也可分设在两边；

4 信号室和控制室底板应高出轨面水平 100mm～300mm，当采用无轨运输时，应高出马头门底板 100mm～300mm；

5 设在两边的信号室和控制室应突出巷道壁，在信号操作人员视线高度范围内，外墙应采用无窗框的固定玻璃和玻璃拉窗。

7.1.5 罐笼井筒与各水平车场应有人行通道互相联络，人行通道宜与等候室联合布置。当罐笼井筒采用端头梯子间时，马头门或等候室应设有通至梯子间的通道。

7.2 井底煤仓及箕斗装载硐室

7.2.1 井底煤仓设计应符合下列规定：

1 井底煤仓位置选择应符合下列规定：

1)井底煤仓位置应根据井筒提升和大巷运输方式确定，并应与箕斗装载硐室、装载胶带输送机巷位置统一考虑；

2)井底煤仓及相关硐室宜布置在稳定坚硬的岩(煤)层中，并应避开断层、陷落柱、强含水层和松散破碎岩(煤)层以及膨胀性岩层。

2 井底煤仓的形式及容量应符合下列规定：

1)主井井底煤仓可分为直立式、倾斜式及水平式，宜选择直立式；

2)圆形直立煤仓直径与高之比宜为 0.22～0.42；

3)倾斜式拱形煤仓倾角不应小于 60°，并应设置平行于煤仓的人行道；煤仓与人行道的隔墙上应设置观察孔；

4)煤仓上口应设 300mm×300mm 孔眼的铁箅子；

5)煤仓应有防堵措施，直立仓下口可采用双曲线形或设置

破拱装置;

6)煤仓铺底应采用耐磨材料;

7)煤仓的有效容量应按照合理平衡主运输和提升能力确定;

8)当煤仓的个数超过2个时,煤仓间应留有岩柱,尺寸由煤仓所处围岩的岩性确定,但净岩柱尺寸不宜小于其中最大煤仓掘进直径的2.5倍;

9)煤仓上口应设瓦斯排放孔。

3 井底煤仓的断面及支护应符合下列规定:

1)井底煤仓的断面形式可分为圆形、矩形及半圆拱形;直立煤仓宜选择圆型断面,倾斜煤仓宜选择拱型断面;

2)井底煤仓的支护可视围岩岩性和地压条件分别选用锚喷、现浇混凝土或钢筋混凝土支护方式,煤仓的漏斗口宜采用钢筋混凝土支护。

7.2.2 箕斗装载硐室设计应符合下列规定:

1 箕斗装载硐室布置应根据主井提升方式、装载设备的安装、检修、更换和行人安全等因素确定。

2 箕斗装载硐室根据装载设备和装载方式可布置为通过式或非通过式,根据提升设备及提升容器的要求可布置为单侧式或双侧式,宜选择非通过式、单侧布置,多水平同时生产的中间水平可采用通过式;硐室的尺寸应根据选用的装载设备规格和布置方式等确定。

3 箕斗装载硐室的断面形状及支护方式应符合下列规定:

1)断面形状可采用矩形或半圆拱形,当硐室围岩岩性较差、地压大时,宜采用马蹄形全封闭式断面;

2)支护方式宜采用钢筋混凝土支护,当围岩坚固时,可采用锚喷支护或混凝土支护;

3)硐室内承受动荷载的结构应采用钢筋混凝土或钢结构;

4)装载硐室附近井壁应加强支护,其范围不应小于上下各

3.0m。

4 装载硐室内的各项设施布置应符合下列规定：

1)硐室应设上通装载胶带输送机巷或斜仓的人行检查道，下与主井底检修间相联系的人行道；硐室上、下之间应设置人行通道；

2)硐室顶部应根据机械布置、安装与检修要求，设起重梁或起吊环；

3)硐室的人行孔、起吊孔应设盖板或栅栏，硐室与井筒连接处顶部应设雨篷，平台应设栅栏；

4)箕斗装载硐室的一侧或两侧(两套提升)应设置信号及控制室。

7.2.3 装载胶带输送机巷设计应符合下列规定：

1 装载胶带输送机巷可采用单机或双机布置方式。单机布置时，巷道一侧应设人行检修道；双机布置时，应在巷道两侧各设人行检修道或中间设人行检修道；人行检修道宽度不应小于800mm，非人行检修道宽度不应小于500mm。

2 装载胶带输送机巷断面及支护设计应符合下列规定：

1)断面形状宜采用半圆拱形，当地压大时，可采用马蹄形；

2)断面尺寸、巷道预埋件(孔)应根据机械设备的要求确定；

3)支护方式宜采用混凝土砌碹，当围岩稳定时也可采用锚喷支护；巷道应铺底。

7.3 箕斗立井井底清理撒煤硐室

7.3.1 箕斗立井井底受煤漏斗及撒煤溜道设计应符合下列规定：

1 箕斗立井清理撒煤系统宜采用井底直落式集中布置方式，井筒内落煤道两侧应设宽度不少于800mm的隔离式检修通道，检修通道外侧应采取耐磨材料或钢结构防护措施。

2 当箕斗立井清理撒煤系统布置在井底车场水平时，沉淀清理池应布置在箕斗井底部，沉淀后煤泥水宜自流进入井底车场水仓;若采用钢筋混凝土喇叭形受煤漏斗,漏斗壁倾角可采用55°～60°,漏斗内应设检修平台,漏斗应在非装载硐室一侧设检修孔,井壁上应设爬梯,顶部应设铁盖板。

3 当箕斗立井清理撒煤系统布置在井底车场水平以下时,沉淀清理池宜布置在箕斗井的一侧,并宜采用钢筋混凝土非对称喇叭形受煤漏斗;受煤漏斗宜与撒煤溜道联合布置,底板倾角可采用55°～60°。当考虑井筒延深时,井窝最低点不宜高于沉淀池水平。

4 撒煤溜道断面宜采用半圆拱形,混凝土支护。受煤漏斗侧壁及溜道底板应铺设耐磨材料。

7.3.2 井底沉淀池硐室设计应符合下列规定:

1 沉淀池的容量可按矿井日产量3‰～5‰,并结合清理工作制度和机械设备布置确定;

2 沉淀池宜设两个,两沉淀池之间应设隔离墙与排水沟;隔离墙厚可采用200mm,排水沟宽可采用500mm并加盖板,隔墙上一侧应设栏杆;

3 沉淀池宜采用耐磨而光滑的材料铺底,厚度宜为150mm～200mm;

4 沉淀池宜采用不大于10°的上坡通至清理撒煤斜巷装载点顶部,通过卸煤台板装矿车或小箕斗运出撒煤。

7.3.3 井底清理撒煤水仓的设置应符合下列规定:

1 当箕斗立井清理撒煤系统布置在井底车场水平时,清理撒煤系统不应设水仓。主井井筒淋水从沉淀池溢出,应经水沟直接流入井底车场主水仓。

2 当箕斗立井清理撒煤系统布置在井底车场水平以下时,清理撒煤系统应设水仓、水泵,将主井撒煤系统积水排至井底车场主水仓。水仓设计应符合下列规定:

1)水仓宜采用单巷布置,可在巷道中间设隔墙分两仓室使用;

2)水仓底板应设整体道床,坡度应为3‰,并应坡向吸水井;

3)仓室隔墙宜每隔 5m～8m 设置一道改变流向的挡板，并应在距吸水井约 15m 处设置一道溢流挡板；

4)水仓容量应按 4h 流入水量计算。

3 泵房宜装备三台水泵，其中工作、备用、检修各一台。

4 水仓宜采用半圆拱形断面、混凝土支护。

7.3.4 井底清理撒煤斜巷设计应符合下列规定：

1 清理斜巷倾角不宜大于 25°，清理斜巷起坡点至沉淀池硐室中心线平距可取 4m～5m；

2 清理斜巷上部应设能存 4 个～6 个空车的存车线；

3 清理斜巷上部变坡点附近的平段上应设置阻车器或逆止器，在变坡点处应设置托绳轮，并应在清理斜巷底板上每隔 15m 设置一个地滚；

4 清理斜巷应设水沟、人行台阶及扶手，副井井筒淋水也可引至清理斜巷，经水窝泵房排至井底车场水平；

5 清理斜巷绞车房深度布置超过 6m 时应设回风巷；

6 清理斜巷宜采用半圆拱形断面、锚喷支护形式，当遇断层、岩性松软或岩性破碎时，应采取加强支护措施。

7.4 罐笼立井井底水窝及清理

7.4.1 罐笼立井井底水窝布置应根据提升设备布置、井筒是否延深、井底水窝内设施、安装检修、水窝清理方式等因素综合确定，并应符合下列规定：

1 不提升人员的罐笼井井底水窝，当井筒不需延深时，最小应留 2m；当井筒需延深时，最小应留 10m；

2 提升人员的罐笼井井底水窝，当设泄水巷排水、不考虑井筒延深时，最小应留 5m；当考虑井筒延深时，最小应留 10m。若设水泵排水，井底水窝内的设备最低点至水窝内最高水位面应留有 2m～3m 的距离，水面以下的水窝深度可取 5m。

7.4.2 井底水窝宜采用混凝土支护，窝底宜采用反底拱结构，反底拱高可为井筒内径的1/10。

7.4.3 罐笼立井井底水窝排水及清理应符合下列规定：

1 当单独设清理斜巷及水池进行排水、清理时，应采用机械清理，并应设置水窝排水设施，清理斜巷倾角不宜大于25°；

2 当主井为箕斗提升，且清理撒煤系统布置在井底车场水平以下时，罐笼立井井底宜设清理泄水巷，矸石（煤）可通过主井底清理斜巷运至井底车场；

3 不提升人员的罐笼井可采用自溢排水，吊桶清理。

7.4.4 井底水窝内应设置检修梯子间与井底车场连接处相通。水窝段应设置壁梯通至窝底。

7.5 立风井井口及井底水窝

7.5.1 立风井井口设计应符合下列规定：

1 井壁上风硐口、安全出口等各种硐口，不得布置在同一水平截面或垂直截面上；

2 当表土层不含水时，风硐下口与井筒连接端距设计地坪不宜小于6m；当表土含水时，风硐下口的高程可适当抬高；

3 装有主要通风机的井口必须封闭严密，出风口应安装防爆门，防爆门面积不得小于出风井的断面积，并应正对出风井的风流方向；

4 安全出口应布置在风井梯子间一侧，安全出口与风井相连接的平道底板高程应高出风硐下口底板高程2m以上；地面出口平道底板应高于出口处工业场地地坪500mm。

7.5.2 防爆门基础设计应符合下列规定：

1 当防爆门基础高度大于或等于1.5m时，基础的外壁应设置壁梯和扶手；

2 基础应采用强度等级不低于C20的混凝土浇筑；当设计地震烈度为8度及以上时，应采用钢筋混凝土结构。

7.5.3 安全出口设计应符合下列规定：

1　安全出口宜采用矩形断面或半圆拱形断面，并应采取混凝土或钢筋混凝土浇筑；

2　安全出口与风井井筒连接端应设置一段长度为5m～8m的平道，其中应安装2道～3道双向风门，并应设倾斜人行道通至地面；

3　倾斜人行道的长度及倾角应根据井口工业场地的地形、地物确定，倾角可取25°～30°，人行道应设台阶和扶手；

4　地面出口端应设置一段长度不小于2m的平道，并应装设一道向外开启的单向风门；

5　地面出口端的单向风门宜采用铁风门，当服务年限较短时也可采用包铁皮的木风门，风门安设应向顺风流方向倾斜3°～5°；

6　安全出口应采用混凝土铺底，其厚度可为100mm～150mm。

7.5.4　风硐设计应符合下列规定：

1　风硐与井筒的夹角宜采用40°～50°，在特殊情况下可大于50°，风硐与井筒连接部分应做成圆滑曲线；

2　风硐上口应以圆弧曲线与通风机引风道连接，其底板竖曲线半径可取6m～8m，圆心角不宜大于45°；

3　风硐中的风流速度不应大于15m/s；

4　当风井装有提升设备并采用钢丝绳罐道时，风硐口应设在提升设备窄面侧。

7.5.5　风井井底水窝设计应符合下列规定：

1　无提升设备时，井底可不设水窝；有提升设备时，应根据提升系统的要求确定水窝深度；

2　当井筒需要延深时，应留不小于10m的水窝。

附录A　混凝土井壁内力及承载力计算

A.1　井壁圆环截面内力及承载力计算

A.1.1　均匀压力作用下混凝土井壁单位高度圆环截面内力及承载力计算应符合下列规定：

1　薄壁圆筒（$t < r_w/10$）井壁应按下列规定进行计算：

1)井壁圆环截面轴向力（图A.1.1-1）应按下式计算：

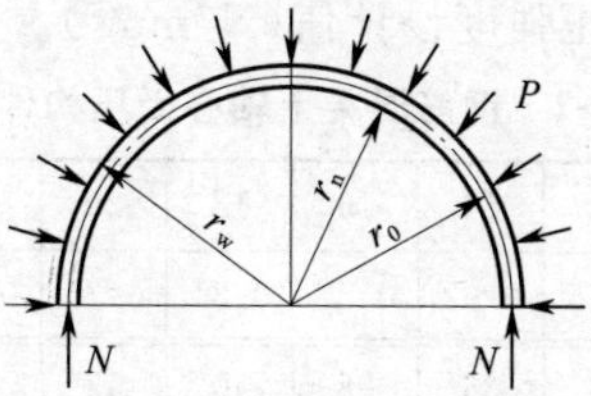

图A.1.1-1　井壁圆环截面轴向力计算简图

$$N = r_w P \qquad (A.1.1\text{-}1)$$

式中：N——每米高度井壁圆环截面上的轴向力计算值（MN/m）；

r_w——计算处井壁外半径（m）；

P——计算处作用在井壁上的设计荷载计算值（MPa）。

2)素混凝土井壁圆环截面承载力应按下列公式计算：

$$N \leqslant 0.85\varphi_1 t f_c \qquad (A.1.1\text{-}2)$$

$$L_0 = 1.814 r_0 \qquad (A.1.1\text{-}3)$$

式中：φ_1——素混凝土构件稳定系数（见表A.1.1-1）；

r_0——计算处井壁中心半径（m）；

L_0——计算处井壁圆环计算长度（m）；

f_c——混凝土轴心抗压强度设计值（N/mm^2）。

表 A.1.1-1 素混凝土构件稳定系数

L_0/b	<4	4	6	8	10	12	14	16
φ_1	1.00	0.98	0.96	0.91	0.86	0.82	0.77	0.72
L_0/b	18	20	22	24	26	28	30	—
φ_1	0.68	0.63	0.59	0.55	0.51	0.47	0.44	—

注：b 取井壁厚度(m)。

3)钢筋混凝土井壁圆环截面承载力应按下式计算：

$$N \leqslant \varphi(tf_c + A_s f'_y) \qquad (A.1.1\text{-}4)$$

式中：φ——钢筋混凝土轴心受压构件稳定系数(见表 A.1.1-2)；

A_s——每米井壁截面配置钢筋面积(m^2/m)；

f'_y——钢筋抗压强度设计值(N/mm^2)。

表 A.1.1-2 钢筋混凝土轴心受压构件稳定系数

L_0/b	<8	10	12	14	16	18	20	22	24	26	28
φ	1.00	0.98	0.95	0.92	0.87	0.81	0.75	0.70	0.65	0.60	0.56
L_0/b	30	32	34	36	38	40	42	44	46	48	50
φ	0.52	0.48	0.44	0.40	0.36	0.32	0.29	0.26	0.23	0.21	0.19

注：表中 L_0 为构件计算长度[按式(A.1.1-3)计算]。

2 厚壁圆筒($t \geqslant r_w/10$)井壁计算方法如下：

1)井壁圆环截面轴向力(图 A.1.1-2)应按本规范公式(A.1.1-1)计算。

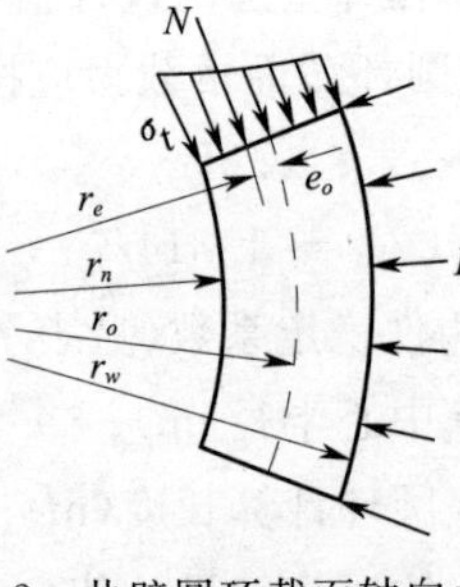

图 A.1.1-2 井壁圆环截面轴向力计算简图

2）井壁圆环截面切向应力应按下式计算：

$$\sigma_t = \frac{2r_w^2 P}{r_w^2 - r_n^2} \quad (A.1.1\text{-}5)$$

式中：σ_t——井壁圆环截面切向应力（MPa）；

r_w——计算处井壁外半径（m）；

r_n——计算处井壁内半径（m）。

3）素混凝土井壁圆环截面承载力应按下式计算：

$$\sigma_t \leqslant 0.85 f_c \quad (A.1.1\text{-}6)$$

4）钢筋混凝土井壁圆环截面承载力应按下式计算：

$$\sigma_t \leqslant f_c + \rho f_y' \quad (A.1.1\text{-}7)$$

式中：ρ——井壁圆环截面配筋率（%）。

3 井壁圆环截面配筋率 ρ 和钢筋截面面积 A_s 应按下列方法确定：

1）当 $\sigma_t \leqslant f_c$ 时，应按构造规定配置钢筋；当 $\sigma_t > f_c$ 时，应按下式计算配筋率：

$$\rho = \frac{\sigma_t - f_c}{f_y'} \quad (A.1.1\text{-}8)$$

2）当计算结果 $\rho > \rho_{min}$ 时，A_s 应按下式计算：

$$A_s = \rho b_n (r_w - r_n) \quad (A.1.1\text{-}9)$$

3）当计算结果 $\rho \leqslant \rho_{min}$ 时，A_s 应按下式计算：

$$A_s = \rho_{min} b_n (r_w - r_n) \quad (A.1.1\text{-}10)$$

式中：b_n——井壁截面计算宽度（m），取 1.0m；

ρ_{min}——最小配筋率（%），采用普通凿井法和冻结凿井法凿井时，应符合本规范第 6.1.3 条的规定；采用钻井凿井法和沉井凿井法凿井时，应符合本规范第 6.1.3 条第 1 款的规定。

4）当计算结果 ρ 值过大时，应加大井壁厚度。

A.1.2 不均匀压力作用下的混凝土井壁整体圆环内力及承载力计算应符合下列规定：

1 井壁圆环截面轴向力和弯矩(图 A.1.2-1)计算方法如下：

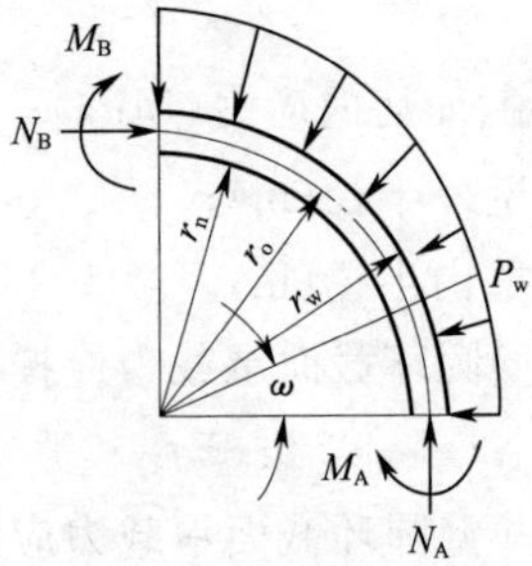

图 A.1.2-1　井壁圆环截面轴向力和弯矩计算简图

1) $\omega = 0°$ (A 截面)时,应按下列公式计算：

$$N_A = (1 + 0.785\beta) r_w P_A \tag{A.1.2-1}$$

$$M_A = -0.149\beta r_w^2 P_A \tag{A.1.2-2}$$

2) $\omega = 90°$ (B 截面)时,应按下列公式计算：

$$N_B = (1 + 0.5\beta) r_w P_A \tag{A.1.2-3}$$

$$M_B = 0.137\beta r_w^2 P_A \tag{A.1.2-4}$$

$$P_B = P_A (1 + \beta) \tag{A.1.2-5}$$

式中：N_A、N_B——A、B 截面的轴向力计算值(MN)；

M_A、M_B——A、B 截面的弯矩计算值(MN·m)；

P_A、P_B——A、B 截面的压力计算值(MPa)；

β——不均匀荷载系数,表土段,$\beta = \beta_t = 0.2 \sim 0.3$;基岩段,$\beta = \beta_y$,$\beta_y$ 可取 0.2。

3) 按 $\omega = 0°$ 和 $\omega = 90°$ 计算后,根据需要可分别进行偏心距和承载力计算。

2 素混凝土井壁承载力计算方法如下：

1) 当偏心距 $e_0 < 0.225t$ 时,应按下列公式计算：

$$N \leqslant 0.85\varphi_1 f_c b_n (t - 2e_0) \tag{A.1.2-6}$$

$$e_0 = \frac{M_A}{N_A} \text{或} \frac{M_B}{N_B} \tag{A.1.2-7}$$

式中：e_0——轴向力作用点至受拉钢筋合力点之间的距离(mm)。

2)当偏心距 $e_0 \geqslant 0.225t$ 时，应按下式计算：

$$N \leqslant \varphi_1 \frac{0.8525 f_t b_n t}{\frac{6e_0}{t} - 1} \quad (A.1.2\text{-}8)$$

式中：f_t——混凝土抗拉强度设计值(N/mm^2)。

3 钢筋混凝土井壁偏心受压承载力和钢筋配置(图 A.1.2-2)应按下列公式计算：

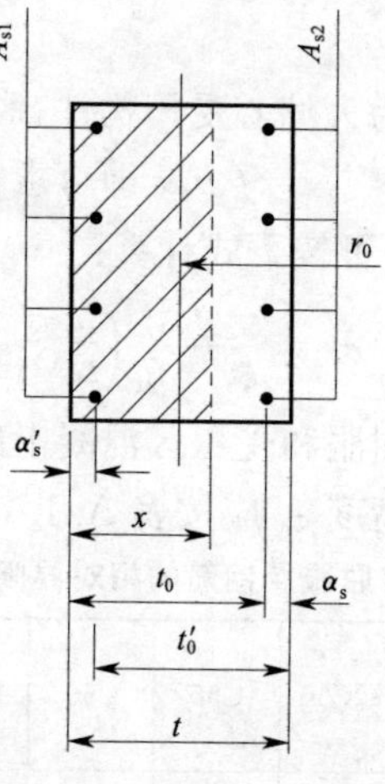

图 A.1.2-2 井壁偏心受压承载力和钢筋配置计算简图

$$N \leqslant a_1 f_c b_n x + f_y' A_{s1} - \sigma_s A_{s2} \quad (A.1.2\text{-}9)$$

$$Ne \leqslant a_1 f_c b_n x \left(t_0 - \frac{x}{2}\right) + f_y' A_{s1} (t_0 - a_s') \quad (A.1.2\text{-}10)$$

$$e = e_i + \frac{t}{2} - a_s \quad (A.1.2\text{-}11)$$

$$e_i = e_0 + e_a \quad (A.1.2\text{-}12)$$

$$e_0 = \frac{M}{N} \quad (A.1.2\text{-}13)$$

$$M = C_m \eta_{ns} M_2 \quad (A.1.2\text{-}14)$$

$$C_m = 0.7 + 0.3\frac{M_1}{M_2} \quad (A.1.2\text{-}15)$$

$$\eta_{ns} = 1 + \frac{1}{1300(M_2/N + e_a)/t_0}\left(\frac{L_0}{t}\right)^2\xi_c \quad (A.1.2\text{-}16)$$

$$\xi_c = \frac{0.5f_cA_0}{N} \quad (A.1.2\text{-}17)$$

当 $C_m \cdot \eta_{ns}$ 小于 1.0 时，$C_m \cdot \eta_{ns}$ 取 1.0。

按上述规定计算时，尚应符合下列要求：

1）受拉边或受压较小边钢筋 A_{s2} 的应力 σ_s 可按下列方法计算：

当 $\xi_x \leqslant \xi_b$ 时，为大偏心受压构件，取 $\sigma_s = f_y$，此处相对受压区高度 $\xi_x = x/t_0$（令 $N = f_cb_nx$ 即可求得 x 值）；当 $\xi_x > \xi_b$ 时，为小偏心受压构件，σ_s 可按下式计算：

$$\sigma_s = \frac{f_y}{\xi_b - \beta_1}\left(\frac{x}{t_0} - \beta_1\right) \quad (A.1.2\text{-}18)$$

2）受拉钢筋屈服和受压区混凝土破坏同时发生时的相对界限受压区高度 ξ_b 应按表 A.1.2 取值。

表 A.1.2　有屈服点钢筋的相对界限受压区高度的取值

钢筋强度级别 \ 混凝土强度等级	≤C50	C55	C60	C65	C70	C75	C80
400MPa	0.518	0.508	0.499	0.489	0.480	0.472	0.463
500MPa	0.482	0.473	0.464	0.455	0.446	0.438	0.429

3）计算中若计入钢筋 A_{s2} 时，受压区高度应满足 $x \geqslant 2a_s'$ 的条件。当不满足此条件时，其正截面受压承载力应按下式计算：

$$Ne_s' \leqslant f_yA_{s2}(t - a_s - a_s') \quad (A.1.2\text{-}19)$$

4）双侧对称配筋的小偏心受压构件可按下列近似公式计算钢筋截面面积：

$$A_{s1} = A_{s2} = \frac{Ne - \xi(1 - 0.5\xi)a_1f_cb_nt_0^2}{f_y'(t_0 - a_s')} \quad (A.1.2\text{-}20)$$

5）相对受压高度可按下式计算：

$$\xi = \frac{N - \xi_b a_1 f_c b_n t_0}{\dfrac{Ne - 0.43 a_1 f_c b_n t_0^2}{(\beta_1 - \xi_b)(t_0 - a_s')} + a_1 f_c b_n t_0} + \xi_b \quad (A.1.2\text{-}21)$$

式中：a_1——系数，为矩形应力图的应力取值与混凝土轴心抗压强度设计值的比值。当混凝土强度等级不超过 C50 时，a_1 取为 1.0；当混凝土强度等级为 C80 时，a_1 取为 0.94，其间按线性内插法确定；

M_1、M_2——已考虑侧移影响的偏心受压构件两端截面按结构弹性分析确定的对同一主轴的组合弯矩设计值，绝对值较大端为 M_2，绝对值较小端为 M_1，当构件按单曲率弯曲时，M_1/M_2 取正值，否则取负值；

C_m——构件端截面偏心距调节系数，当小于 0.7 时取 0.7；

η_{ns}——弯矩增大系数；

ξ_c——截面曲率修正系数，当计算值大于 1.0 时取 1.0；

β_1——系数，为矩形应力图的受压区高度取值与中和轴高度的比值。当混凝土强度等级不超过 C50 时，β_1 取为 0.8；当混凝土强度等级为 C80 时，β_1 取为 0.74，其间按线性内插法确定；

x——混凝土受压区高度(m)；

A_{s1}、A_{s2}——受压区、受拉区环向钢筋的截面面积(m^2)；

σ_s——受拉边或受压较小边的钢筋应力(MN/m^2)；

a_s、a_s'——受拉、受压钢筋的合力点至构件截面边缘的距离(m)；

e——轴向力作用点至受拉钢筋合力点之间的距离(m)；

e_i——初始偏心距(m)；

e_a——附加偏心距(m)，取偏心方向截面最大尺寸的 1/30 和 0.02m 两者中的较大值；

e_s'——轴向压力作用点至受压区钢筋 A_{s1} 合力点的距离(m)。

A.2 井壁环向稳定性计算

A.2.1 保证井壁环向稳定应符合下列基本条件：

1 素混凝土井壁：

$$\frac{L_0}{t} \leqslant 24 \quad (A.2.1\text{-}1)$$

2 钢筋混凝土井壁：

$$\frac{L_0}{t} \leqslant 30 \quad (A.2.1\text{-}2)$$

A.2.2 井壁环向稳定性可按下式验算：

$$\frac{E_c t^3}{4r_0^3(1-\nu_c^2)} \geqslant P \quad (A.2.2)$$

式中：ν_c——混凝土泊松比，$\nu_c=0.2$；

E_c——混凝土弹性模量（N/mm^2）。

A.3 三向应力作用下井壁承载力计算

A.3.1 井壁在三向应力作用下可按下列公式验算其内缘的承载力：

$$\sqrt{\sigma_t^2+\sigma_r^2+\sigma_z^2-\sigma_t\sigma_r-\sigma_r\sigma_z-\sigma_z\sigma_t} \leqslant f_c+\rho f_y' \quad (A.3.1\text{-}1)$$

$$\sigma_z=\frac{Q_{z1,k}+Q_{1,k}+Q_{2,k}+P_{f,k}F_w}{A_0} \quad (A.3.1\text{-}2)$$

式中：σ_z——计算截面井壁纵向应力计算值（MN/m^2）；

σ_r——计算截面井壁径向应力计算值（MN/m^2）；

σ_t——井壁圆环截面切向应力（MN/m^2）；

$Q_{z1,k}$——计算截面以上井壁自重标准值（MN）；

$Q_{1,k}$——直接支承在井筒上的井塔重量标准值（MN）；

$Q_{2,k}$——计算截面以上井筒装备重量标准值（MN）；

F_w——计算截面以上井壁外表面积（m^2）；

A_0——计算截面井壁横截面积（m^2）；

$P_{f,k}$——计算截面以上井壁外表面所受竖向附加力的标准值(MPa)。

A.4 表土层与基岩交界面上下的结构强度计算

A.4.1 作用在表土层与基岩交界面处井壁上的剪力和纵向弯矩(计算简图见图 A.4.1)可按下列公式计算：

$$V_{max} = \frac{P_0}{4\lambda} \tag{A.4.1-1}$$

$$M_{max} = \frac{0.0806P_0}{\lambda^2} \tag{A.4.1-2}$$

$$\lambda = \sqrt[4]{\frac{3(1-\nu_c^2)}{r_0^2 t^2}} \tag{A.4.1-3}$$

式中：V_{max}——交界面处每米井壁最大剪力计算值(MN)；

M_{max}——交界面处每米井壁最大纵向弯矩计算值(MN·m)；

P_0——交界面处井壁受到的均匀水土压力计算值(MPa)；

λ——壳体常数(m^{-1})。

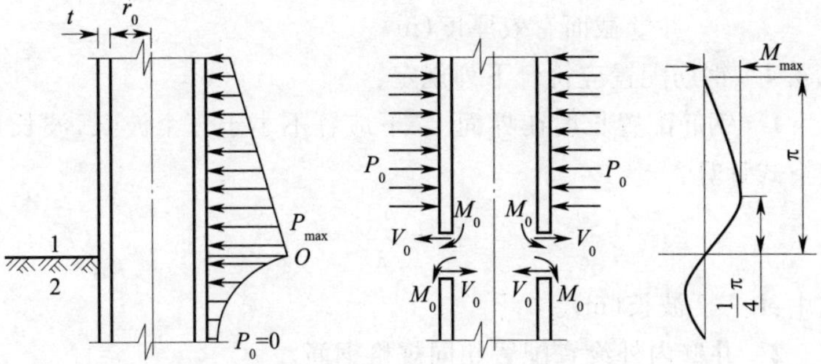

图 A.4.1 作用在表土层与基岩交界面处井壁上的剪力和纵向弯矩计算简图

0—表土与基岩交界面；1—表土层；2—基岩；P_{max}—井壁在表土地层段受到的最大水土压力计算值(MPa)；V_0—0—0 截面产生的剪力(N)；M_0—剪力 V 使井壁在 0—0 截面产生的弯矩(N·m)

A.4.2 纵向钢筋配置计算应符合下列规定：

1 交界面上下井壁纵向钢筋的截面面积计算，应视为单位宽度井壁（每米）能承受按式（A.4.1-2）计算出的弯矩 M。其受弯承载力应按下式确定：

$$M \leqslant a_1 f_c b_n x\left(t_0 - \frac{x}{2}\right) + f'_y A_{s1}(t_0 - a'_s) \quad \text{(A.4.2-1)}$$

2 混凝土受压区高度应符合下列规定：

1) 受压区高度应按下式确定：

$$a_1 f_c b_n x = f_y A_{s2} - f'_y A_{s1} \quad \text{(A.4.2-2)}$$

2) 受压区高度尚应符合下列条件：

$$x \leqslant \xi_b t_0 \quad \text{(A.4.2-3)}$$

$$x \geqslant 2a'_s \quad \text{(A.4.2-4)}$$

A.4.3 斜截面抗剪强度可按下式计算：

$$V_{max} \leqslant 0.25\beta_c f_c b_n t_0 \quad \text{(A.4.3)}$$

式中：β_c——混凝土强度影响系数，当混凝土强度等级不超过 C50 时，取 $\beta_c = 1.0$；当混凝土强度等级为 C80 时，取 $\beta_c = 0.8$；其间按线性内插法确定；

t_0——井壁截面有效厚度（m）。

A.4.4 钢筋配置应符合下列规定：

1 钢筋配置长度在界面上、下应各不小于一个波长，波长可按下式计算：

$$L = \frac{2\pi}{\lambda} \quad \text{(A.4.4)}$$

式中：L——波长（m）。

2 井壁内外缘宜配置相同规格钢筋。

附录B 井塔(架)影响段井壁计算

B.1 井塔(架)基础置于表土层地基上影响段井壁计算

B.1.1 井塔(架)基础置于天然地基上,最大侧向压应力出现在基础底以下 $h=L-A/2$ 处。不同类型基础对井壁产生的最大侧向压力(图 B.1.1)应分别按下列规定计算:

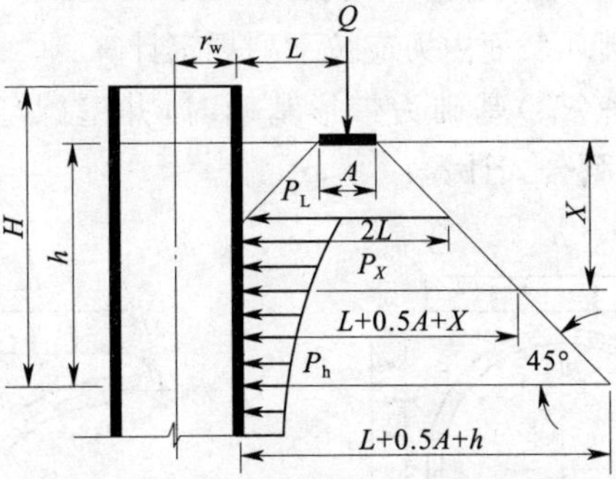

图 B.1.1 基础对井壁产生的最大侧向压力计算简图

h—基础底至计算深度距离(m);H—井口设计标高到计算深度距离(m);X—基础底至计算深度范围内某一深度的距离(m);P_L—基础底以下 L 深处井壁所受侧压力(MPa);P_h—基础底以下 h 深处井壁所受侧压力(MPa);P_X—基础底以下 X 深处井壁所受侧压力(MPa)

1 带形基础时应按下式计算:

$$P_{max}=\frac{QA_n}{2L(2L-A+B)} \tag{B.1.1-1}$$

2 环形基础时应按下列公式计算:

$$P_{max}=\frac{QA_n}{\pi[(r_w+2L)^2-r_w^2]} \tag{B.1.1-2}$$

$$A_n = \tan^2\left(45° - \frac{\phi}{2}\right) \quad (B.1.1-3)$$

式中：P_{max}——基础对井壁产生的最大侧向压力计算值(MPa)；

Q——基础上部结构总重力(包括基础自重力)计算值(MN)；

A_n——岩(土)层水平荷载系数；可按式(B.1.1-3)计算，也可按本规范表6.2.3查取；

ϕ——土层的内摩擦角(°)，按本规范表6.2.3查取；

L——基础中心至井壁外缘距离(m)；

A——带形或环形基础宽度(m)；

B——带形或环形基础长度(m)。

B.1.2 井壁圆环截面内力应按下列规定计算：

1 当井塔(架)基础为带形基础时，井壁圆环截面内力(图B.1.2)应按下列公式计算：

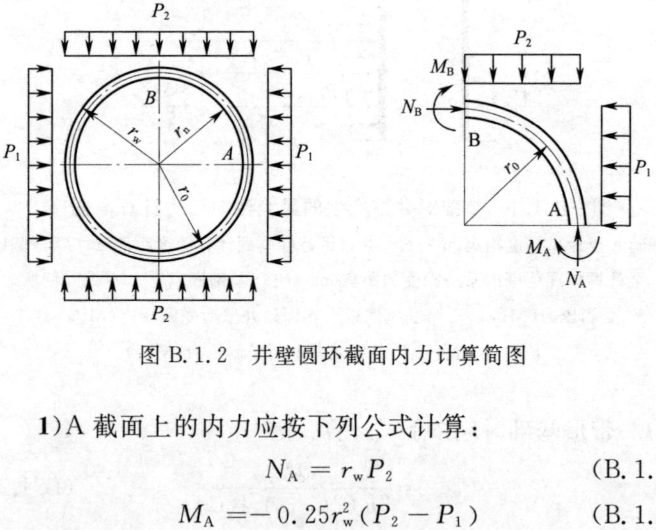

图B.1.2 井壁圆环截面内力计算简图

1)A截面上的内力应按下列公式计算：

$$N_A = r_w P_2 \quad (B.1.2-1)$$

$$M_A = -0.25 r_w^2 (P_2 - P_1) \quad (B.1.2-2)$$

2)B截面上的内力应按下列公式计算：

$$N_B = r_w P_1 \quad (B.1.2-3)$$

$$M_B = 0.25 r_w^2 (P_2 - P_1) \quad (B.1.2-4)$$

式中：P_1、P_2——按公式(B.1.1-1)计算出的各方向最大侧向压力计算值(MPa)。

2 当井塔(架)基础为环形基础时，井壁圆环截面内力计算应符合本规范附录A.1的有关规定。

B.2 井塔直接支承在井筒上影响段井壁计算

B.2.1 井塔直接支承在井筒上时，影响段井壁受力宜采用“m”法计算(图B.2.1)，并应按以下规定计算：

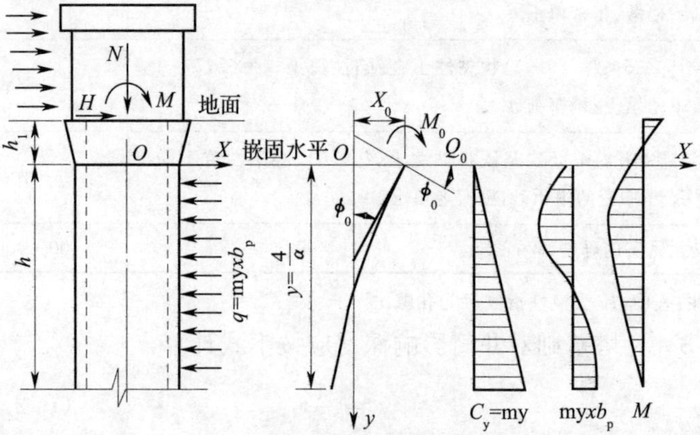

图B.2.1 “m”法计算简图

1 基础(即井筒)计算宽度 b_p 应按下式计算：

$$b_p = 0.9(D+1) \quad (B.2.1\text{-}1)$$

式中：b_p——基础(即井筒)计算宽度(m)；

D——井筒外直径(m)。

2 基础变形系数应按下列公式计算：

$$a = \sqrt[5]{\frac{mb_p}{E_c I}} \quad (B.2.1\text{-}2)$$

$$I = \pi(D^4 - d^4)/64 \quad (B.2.1\text{-}3)$$

式中：a——基础变形系数(1/m)；

m——地基变形系数(MN/m^4),可按表 B.2.1-1 选用;

d——井筒内直径(m);

I——井筒横截面惯性矩(m^4)。

表 B.2.1-1 地基变形系数

土的分类	地基变形系数 $m(MN/m^4)$
淤泥;淤泥质土;饱和湿陷性黄土	2.5～6
流塑($I_L>1$)、软塑($0.75<I_L\leqslant1$)状黏性土;$e>0.9$ 粉土;松散粉细砂;松散、稍密填土	6～14
可塑($0.25<I_L\leqslant0.75$)状黏性土、湿陷性黄土;$e=0.75\sim0.9$ 粉土;中密填土;稍密细砂	14～35
硬塑($0<I_L\leqslant0.25$)、坚硬状黏性土($I_L\leqslant0$)、湿陷性黄土;$e<0.75$ 粉土;中密的中粗砂;密实老填土	35～100
中密、密实的砾砂、碎石类土	100～300

注:表中,I_L 为液性指数,e 为孔隙比。

3 井塔基础对井筒影响深度应按下式计算:

$$y=\frac{4}{a} \qquad (B.2.1\text{-}4)$$

式中:y——井塔基础对井筒影响深度(m)。

4 嵌固水平处横向位移 x_0 及转角 Ψ_0 应按下列公式计算:

$$x_0=Q_0\delta_{QQ}+M_0\delta_{QM} \qquad (B.2.1\text{-}5)$$

$$\Psi_0=-(Q_0\delta_{MQ}+M_0\delta_{MM}) \qquad (B.2.1\text{-}6)$$

$$\delta_{QQ}=\frac{2.441}{a^3E_cI} \qquad (B.2.1\text{-}7)$$

$$\delta_{QM}=\delta_{MQ}=\frac{1.625}{a^2E_cI} \qquad (B.2.1\text{-}8)$$

$$\delta_{MM}=\frac{1.751}{aE_cI} \qquad (B.2.1\text{-}9)$$

式中:x_0、Ψ_0——井塔基础嵌固水平处的横向位移及转角;

Q_0、M_0——井塔作用于基础上的水平力和弯矩计算值；

δ_{QQ}——$M_0=0$，$Q_0=1$ 时的位移；

δ_{QM}——$Q_0=0$，$M_0=1$ 时的位移；

δ_{MQ}——$M_0=0$，$Q_0=1$ 时的转角；

δ_{MM}——$M_0=1$，$Q_0=0$ 时的转角；

E_c——混凝土弹性模量（N/mm^2）；

I——井筒截面惯性矩（m^4）。

5 嵌固水平以下沿井筒深度弯矩和侧向水平压应力应按下列公式计算：

$$M_y = a^2 E_c I X_0 A_3 + a E_c I \Psi_0 B_3 + M_0 C_3 + \frac{Q_0}{a} D_3 \quad \text{(B. 2. 1-10)}$$

$$\sigma_x = m \cdot y\left(x_0 A_1 + \frac{\Psi_0}{a} B_1 + \frac{M_0}{a^2 E_c I} C_1 + \frac{Q_0}{a^3 E_c I} D_1\right) \quad \text{(B. 2. 1-11)}$$

式中：A_3、B_3、C_3、D_3、A_1、B_1、C_1、D_1——系数，见表 B. 2. 1-2；

M_y——嵌固水平以下沿井筒深度弯矩计算值（MN·m）；

σ_x——嵌固水平以下沿井筒深度侧向水平压应力计算值（MN/m^2）。

6 井筒上部井壁横截面承载力应按下列规定计算：

1）应根据 $y=4/a$ 深度范围内的最大弯矩 M_{max} 和该点的竖向力 N（嵌固面处轴向力 N_0 与计算位置以上井壁自重之和）按下式计算偏心距：

$$e_0 = \frac{M_{max}}{N} \quad \text{(B. 2. 1-12)}$$

2）计算长度（即纵向屈曲长度）L_0 应按下列方法计算：

$$\text{当 } h < 4/a \text{ 时，} L_0 = h_1 + h \quad \text{(B. 2. 1-13)}$$

$$\text{当 } h \geqslant 4/a \text{ 时，} L_0 = h_1 + 4/a \quad \text{(B. 2. 1-14)}$$

式中：h——计算水平至嵌固水平高度（m）；

h_1——井筒上部井塔大块基础高度（m）。

表 B.2.1-2 A、B、C、D 各系数值

换算深度 $h=ay$	A_1	B_1	C_1	D_1	A_2	B_2	C_2	D_2
0	1.00000	0.00000	0.00000	0.00000	0.00000	1.00000	0.00000	0.00000
0.1	1.00000	0.10000	0.00500	0.00017	0.00000	1.00000	0.10000	0.00500
0.2	1.00000	0.20000	0.02000	0.00133	−0.00007	1.00000	0.20000	0.02000
0.3	0.99998	0.30000	0.04500	0.00450	−0.00034	0.99996	0.30000	0.04500
0.4	0.99991	0.39999	0.08000	0.01067	−0.00107	0.99983	0.39998	0.08000
0.5	0.99974	0.49996	0.12500	0.02083	−0.00260	0.99948	0.49994	0.12499
0.6	0.99935	0.59987	0.17998	0.03600	−0.00540	0.99870	0.59981	0.17998
0.7	0.99860	0.69967	0.24495	0.05716	−0.01000	0.99720	0.69951	0.24494
0.8	0.99727	0.79927	0.31988	0.08532	−0.01707	0.99454	0.79891	0.31983
0.9	0.99508	0.89852	0.40472	0.12146	−0.02733	0.99016	0.89779	0.40462
1.0	0.99167	0.99722	0.49941	0.16657	−0.04167	0.98333	0.99583	0.49921
1.1	0.98658	1.09508	0.60384	0.22163	−0.06096	0.97317	1.09262	0.60346
1.2	0.97927	1.19171	0.71787	0.28758	−0.08632	0.95855	1.18756	0.71716
1.3	0.96908	1.28660	0.84127	0.36536	−0.11883	0.93817	1.27990	0.84002
1.4	0.95523	1.37910	0.97373	0.45588	−0.15973	0.91047	1.36865	0.97163
1.5	0.93681	1.46839	1.11484	0.55997	−0.21030	0.87365	1.45259	1.11145
1.6	0.91280	1.55346	1.26403	0.67842	−0.27194	0.82565	1.53020	1.25872
1.7	0.88201	1.63307	1.42061	0.81193	−0.34604	0.76413	1.59963	1.41247
1.8	0.84313	1.70575	1.58362	0.96109	−0.43412	0.68645	1.65867	1.57150
1.9	0.79467	1.76972	1.75190	1.12637	−0.53768	0.58967	1.70468	1.73422
2.0	0.73502	1.82294	1.92402	1.30801	−0.65822	0.47061	1.73457	1.89872
2.2	0.57491	1.88709	2.27217	1.72042	−0.95616	0.15127	1.73110	2.22299
2.4	0.34691	1.87450	2.60882	2.19535	−1.33889	−0.30273	1.61286	2.51874
2.6	0.03315	1.75473	2.90670	2.72365	−1.81479	−0.92602	1.33485	2.74972
2.8	−0.38548	1.49037	3.12843	3.28769	−2.38756	−1.75483	0.84177	2.86653
3.0	−0.92809	1.03679	3.22471	3.85838	−3.05319	−2.82410	0.06837	2.80406
3.5	−2.92799	−1.27172	2.46304	4.97982	−4.98062	−6.70806	−3.58647	1.27018
4.0	−5.85333	−5.94097	−0.92677	4.54780	−6.53316	−12.15810	−10.60840	−3.76647

续表 B.2.1-2

换算深度 $h=ay$	A_3	B_3	C_3	D_3	A_4	B_4	C_4	D_4
0	0.00000	0.00000	1.00000	0.00000	0.00000	0.00000	0.00000	1.00000
0.1	−0.00017	−0.00001	1.00000	0.10000	−0.00500	−0.00033	−0.00001	1.00000
0.2	−0.00133	−0.00013	0.99999	0.20000	−0.02000	−0.00267	−0.00020	0.99999
0.3	−0.00450	−0.00067	0.99994	0.30000	−0.04500	−0.00900	−0.00101	0.99992
0.4	−0.01067	−0.00213	0.99974	0.39998	−0.08000	−0.02133	−0.00320	0.99966
0.5	−0.02083	−0.00521	0.99922	0.49991	−0.12499	−0.04167	−0.00781	0.99896
0.6	−0.03600	−0.01080	0.99806	0.59974	−0.17997	−0.07199	−0.01620	0.99741
0.7	−0.05716	−0.02001	0.99580	0.69935	−0.24490	−0.11433	−0.03001	0.99440
0.8	−0.08532	−0.03412	0.99181	0.79854	−0.31975	−0.17060	−0.05120	0.98908
0.9	−0.12144	−0.05466	0.98524	0.89705	−0.40443	−0.24284	−0.08198	0.98032
1.0	−0.16652	−0.08329	0.97501	0.99445	−0.49881	−0.33298	−0.12493	0.96667
1.1	−0.22152	−0.12192	0.95975	1.09016	−0.60268	−0.44292	−0.18285	0.94634
1.2	−0.28737	−0.17260	0.93783	1.18342	−0.71573	−0.57450	−0.26886	0.91712
1.3	−0.36496	−0.23760	0.90727	1.27320	−0.83753	−0.72950	−0.35631	0.87638
1.4	−0.45515	−0.31933	0.86573	1.35821	−0.96746	−0.90954	−0.47883	0.82102
1.5	−0.55870	−0.42039	0.81054	1.43680	−1.10468	−1.11609	−0.63027	0.74745
1.6	−0.67629	−0.54348	0.73859	1.50695	−1.24808	−1.35042	−0.81466	0.65156
1.7	−0.80848	−0.69144	0.64637	1.56621	−1.39623	−1.61346	−1.03616	0.52871
1.8	−0.95564	−0.86715	0.52997	1.61162	−1.54728	−1.90577	−1.29909	0.37368
1.9	−1.11796	−1.07375	0.38503	1.63969	−1.69889	−2.22745	−1.60770	0.18071
2.0	−1.29535	−1.31361	0.20676	1.64628	−1.84818	−2.57798	−1.96620	−0.05652
2.2	−1.69334	−1.90567	−0.27087	1.57538	−2.12481	−3.35952	−2.84858	−0.69158
2.4	−2.14117	−2.66329	−0.94885	1.35201	−2.33901	−4.22811	−3.97323	−1.59151
2.6	−2.62126	−3.59987	−1.87734	0.91679	−2.43695	−5.14023	−5.35541	−2.82106
2.8	−3.10341	−4.71748	−3.10791	0.19729	−2.34558	−6.02299	−6.99007	−4.44491
3.0	−3.54058	−5.99979	−4.68788	−0.89126	−1.96928	−6.76460	−8.84029	−6.51972
3.5	−3.91921	−9.54367	−10.34040	−5.85402	1.07408	−6.78895	−13.69240	−13.82610
4.0	−1.61428	−11.73070	−17.91860	−15.07550	9.24368	−0.35762	−15.61050	−23.14040

3）井壁横截面偏心受压承载力应按下列公式计算：

$$N \leqslant a_1 a_0 f_c A_0 + (a_0 - a_t) f_y' A_z \qquad (B.2.1\text{-}15)$$

$$N\eta e_i \leqslant a_1 f_c A_0 (r_n + r_w) \frac{\sin\pi a_0}{2\pi} + f_y A_z r_0 \frac{\sin\pi a_0 + \sin\pi a_t}{\pi} \qquad (B.2.1\text{-}16)$$

式中：a_0——受压区混凝土截面面积与全截面面积的比值；

a_t——受拉纵向钢筋截面面积与全部纵向钢筋截面面积的比值；当 $a_0 > 2/3$ 时，$a_t = 0$。

上述各公式中的系数和偏心矩应按下列公式计算：

$$a_t = 1 - 1.5a_0 \qquad (B.2.1\text{-}17)$$

$$e_i = e_0 + e_a \qquad (B.2.1\text{-}18)$$

7 在 $y = 4/a$ 深度范围内，应以土层对井壁的弹性抗力 σ_x 与水土压力组合的最大值对井壁环向承载力进行验算。

附录C 法兰盘的连接及计算

C.1 法兰盘的连接

C.1.1 井壁法兰盘连接应符合下列要求：

1 预埋吊环提吊的井壁，其法兰盘按构造要求采用螺栓连接时，内缘螺栓间距宜按 300mm～500mm 配置，连接螺栓直径可采用 16mm～24mm，井壁法兰盘外缘应采用连续焊缝满焊焊接，焊缝高度不应小于 10mm。

2 当井壁采用吊帽吊运时，也可根据安装需要，在上法兰盘外缘预留螺栓孔。连接螺栓直径可按下式计算：

$$d_0 = \sqrt{\frac{4 \times 0.9 \times \nu_d \nu_2 Q_j}{\pi n f_t^b}} \tag{C.1.1}$$

式中：d_0——连接螺栓直径(mm)；

ν_d——吊装动力系数，$\nu_d = 1.5$；

ν_2——受力不均匀系数(取 1.2)；

Q_j——起吊井壁自重(N)；

n——螺栓个数(个)；

f_t^b——螺栓抗拉强度设计值(N/mm^2)；

0.9——临时吊装运输验算折减系数。

C.2 法兰盘的计算

C.2.1 井壁法兰盘计算应符合下列要求：

1 当井壁采用吊环或提吊螺栓吊运时，井壁法兰盘型钢型号或钢板厚度应按构造要求选用；

2 当井壁采用吊帽吊运时，井壁法兰盘型钢翼缘板厚度或钢板厚度可按下列公式计算：

$$\delta = \sqrt{\frac{6\nu_3 M}{f}} \tag{C.2.1-1}$$

$$M = \beta q l_1^2 \tag{C.2.1-2}$$

$$q = \frac{0.9\nu_d \nu_4 Q_f}{A} \tag{C.2.1-3}$$

式中：δ——钢板厚度或型钢翼缘厚度(mm)；

ν_3——受力不均匀系数，$\nu_3=1.5$；

ν_4——运输及吊装阶段强度设计安全系数，取 $\nu_4=1.5$；

M——计算弯矩(N·m/m)；

f——法兰盘材料的强度设计值(N/mm^2)；

β——弯矩计算系数，可按表 C.2.1 选用；

q——法兰盘上计算荷载集度(N/mm^2)；

A——法兰盘面积(mm^2)；

l_1——法兰盘加劲肋间距(mm)；

Q_f——提吊时法兰盘受到的竖向提吊力(N)。

表 C.2.1 弯矩计算系数 β

l_2/l_1	0.5	0.6	0.7	0.8	0.9	1.0	1.2	1.4	2.0	∞
β	0.06	0.074	0.088	0.097	0.107	0.112	0.120	0.126	0.132	0.133

注：l_2 为法兰盘计算宽度(mm)，型钢法兰盘为槽钢翼缘宽度；钢板法兰盘为翼缘宽度。

3 法兰盘各连接件之间应采用贴角焊缝焊接，焊缝高度可按下式计算，但不宜小于 8mm：

$$h_f = \frac{0.9\nu_d \nu_3 Q_h}{0.7 L_w f_t^w} \tag{C.2.1-4}$$

式中：h_f——角焊缝计算高度(mm)；

Q_h——计算部位作用在焊缝上的外力值(N)；

L_w——角焊缝计算长度之和(mm)；

f_t^w——角焊缝抗剪强度设计值(N/mm^2)。

附录D 不均匀压力作用下的井壁圆环内力及钢筋配筋计算

D.1 不均匀压力作用下的井壁圆环内力计算

D.1.1 井壁圆环截面轴向力和弯矩(图D.1.1)应按下列公式计算:

1 $\omega=0°$(A截面)时,井壁圆环A截面轴向力N_A和弯矩M_A应按下列公式计算:

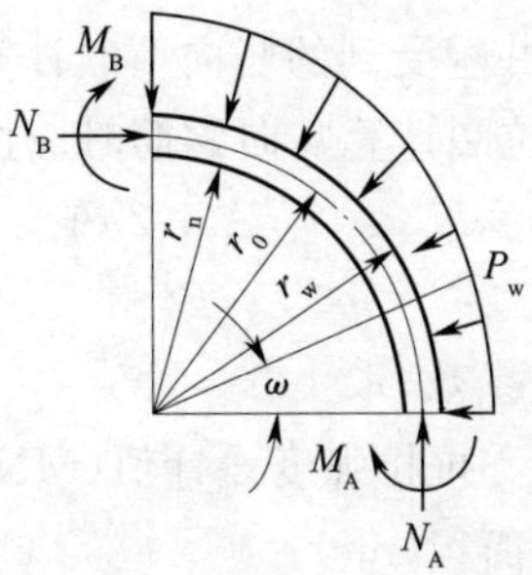

图D.1.1 井壁内力计算简图

$$N_A=(1+0.785\beta_z)\ r_w\ P_A \tag{D.1.1-1}$$

$$M_A=-0.149\beta_z r_w^2\ P_A \tag{D.1.1-2}$$

2 $\omega=90°$(B截面)时,井壁圆环B截面轴向力N_B和弯矩M_B应按下列公式计算:

$$N_B=(1+0.5\beta_z)\ r_w\ P_A \tag{D.1.1-3}$$

$$M_B=0.137\beta_z r_w^2\ P_A \tag{D.1.1-4}$$

$$P_B=P_A(1+\beta_z) \tag{D.1.1-5}$$

3 按$\omega=0°$及$\omega=90°$两组公式计算后,根据需要进行偏心矩和承载力计算。

D.2 环向钢筋配筋计算

D.2.1 井壁环向钢筋配筋应按本规范附录 A.1.2 的有关公式计算。

D.3 竖向钢筋配筋计算

D.3.1 按井壁提吊计算竖向钢筋时应按下列公式计算：

$$A_{sy} = \frac{\nu_3 \nu_d N_z}{f_y} \quad (D.3.1\text{-}1)$$

$$N_z = N_{z,k} \quad (D.3.1\text{-}2)$$

式中：A_{sy}——井壁竖向钢筋横截面积(mm^2)；

N_z——提吊时井壁受到的竖向荷载计算值(MN)。

D.3.2 按井壁提吊抗裂计算竖向钢筋时应按以下公式计算：

$$\nu_d \nu_f N_z \leqslant f_t (A + 2nA_{sy}) \quad (D.3.2\text{-}1)$$

$$n = E_s / E_c \quad (D.3.2\text{-}2)$$

式中：ν_f——抗裂安全系数，取 1.5；

f_t——混凝土轴心抗拉强度设计值(MN/m^2)；

A——井壁横截面积(m^2)；

n——钢筋和混凝土弹性模量的比值；

E_s——钢筋弹性模量(N/mm^2)。

D.3.3 按竖向不均匀地压计算竖向钢筋时，应按本规范附录 A.4 的有关公式计算。

附录E　半球和削球式井壁底计算

E.1　半球和削球式井壁底内力计算

E.1.1　半球和削球式井壁底内力(图E.1.1)可按下列公式计算：

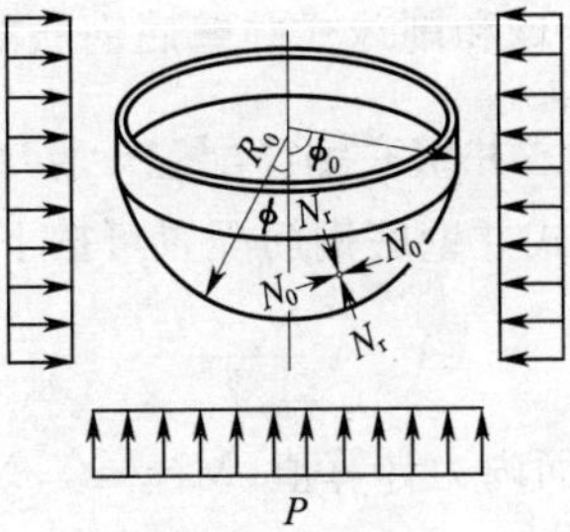

图E.1.1　半球和削球式井壁底内力计算简图

$$N_r = \frac{1}{2}P_g R_0 \tag{E.1.1-1}$$

$$N_0 = \frac{1}{2}P_g R_0 \tag{E.1.1-2}$$

$$U = \frac{1}{4}P_g R_0^2 \sin 2\phi_0 \tag{E.1.1-3}$$

$$P_g = P_w - P_n \tag{E.1.1-4}$$

$$P_w = \nu_{k,w} P_{w,k} \tag{E.1.1-5}$$

$$P_n = \nu_{k,n} P_{n,k} \tag{E.1.1-6}$$

式中：R_0——球壳厚度的平均半径(m)；

P_g——井壁底所受到的压力计算值(MPa)；

P_w——泥浆压力计算值(MPa)；

$P_{w,k}$——泥浆压力标准值(MPa)；

P_n——配重水压力计算值(MPa)；

$P_{n,k}$——配重水压力标准值(MPa)；
ϕ_0——削球壳所对圆心角的一半；
N_r——削球壳面径向内力计算值(MN/m)；
N_0——削球壳面纬向内力计算值(MN/m)；
$\nu_{k,w}$——井壁底在泥浆作用下的安全系数；
$\nu_{k,n}$——井壁底在配重水作用下的安全系数；
U——支承环内力计算值(MN)。

E.2 半球和削球式井壁底钢筋配置计算

E.2.1 半球和削球式井壁底钢筋配置计算应符合下列规定：

1 半球和削球式井壁底钢筋配置可按下式计算：

$$A_g = \frac{N - f_c t}{f_y'} \tag{E.2.1-1}$$

式中：N——削球壳面内力计算值(MN/m)，$N=N_r$或$N=N_0$；
t——球壳厚度(m)。

2 在均匀压力作用下，轴心受拉构件可按下式计算井壁底支承环需要的抗拉钢筋：

$$A_g = \frac{U}{f_y} \tag{E.2.1-2}$$

3 采用半球式井壁底时，$\phi_0=90°$，$U=0$；此时，按构造配筋。

附录F 半椭圆回转扁球壳井壁底计算

F.1 筒体与壳体界面的内力计算

F.1.1 半椭圆回转扁球壳式井壁底(图 F.1.1)筒与壳界面的内力 N_0宜按下式计算：

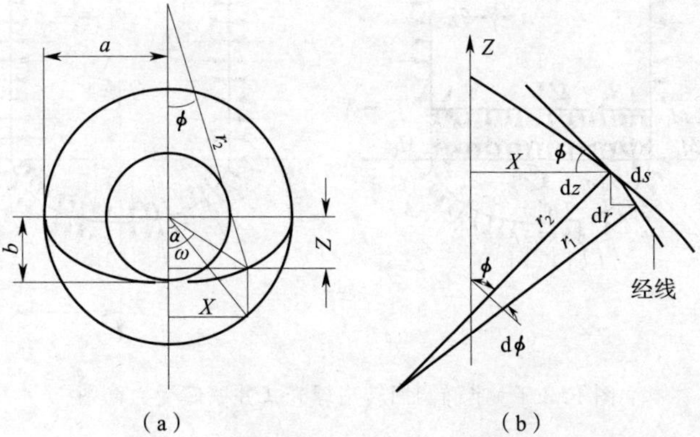

图 F.1.1 半椭圆回转扁球壳式井壁底计算简图

$$N_0 = \frac{P_g a^2}{8\lambda b^2} \tag{F.1.1}$$

式中：N_0——筒与壳界面的内力计算值(MN/m)；

a——筒体厚度中线半径(m)；

b——壳体厚度中线高度(m)，可取 $\frac{1}{2}a$ 。

F.2 筒体内力及配筋计算

F.2.1 筒体在荷载作用下的内力(图 F.2.1)可按下列公式计算：

1 筒体在 P_g 作用下沿环向的内力宜按下式计算：

$$N_{2T}^{P_g} = P_g a \qquad (F.2.1\text{-}1)$$

式中：$N_{2T}^{P_g}$——筒体在 P_g 作用下沿环向的内力计算值(MN/m)。

2 筒体在井壁自重 Q_{Z1} 作用下沿经向的内力宜按下式计算：

$$N_{1T}^{Q_{Z1}} = \frac{Q_{Z1}}{2\pi a} \qquad (F.2.1\text{-}2)$$

式中：$N_{1T}^{Q_{Z1}}$——筒体在 Q_{Z1} 作用下沿径向的内力计算值(MN/m)。

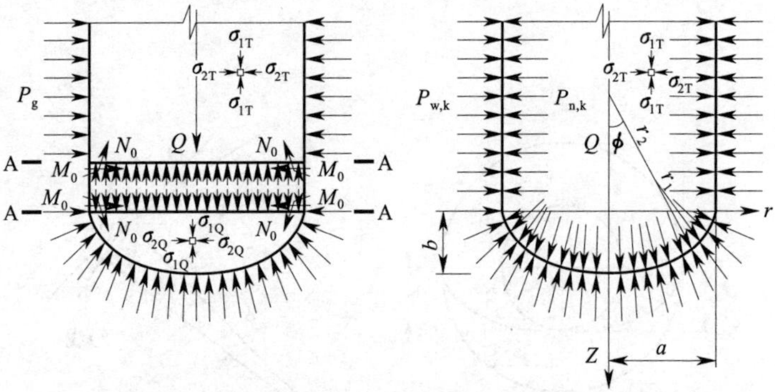

图 F.2.1 半椭圆回转扁球壳式井壁底受力简图

3 筒体在水平力 N_0 作用下的内力可按下列方法计算：

1) 筒体在水平力 N_0 作用下沿经向的弯矩宜按下式计算：

$$M_{1T}^{N_0} = \frac{1}{\lambda} N_0 e^{-\lambda x} \sin\lambda x \qquad (F.2.1\text{-}3)$$

式中：$M_{1T}^{N_0}$——筒体在水平力 N_0 作用下沿经向的弯矩计算值(MN·m/m)。

2) 筒体在水平力 N_0 作用下沿环向的内力宜按下式计算：

$$N_{2T}^{N_0} = -2N_0 \lambda a e^{-\lambda x} \cos\lambda x \qquad (F.2.1\text{-}4)$$

式中：$N_{2T}^{N_0}$——筒体在水平力 N_0 作用下沿环向的内力计算值(MN/m)。

F.2.2 筒体在荷载作用下的配筋宜按下列方法计算：

1 竖向钢筋配置宜按下列公式计算：

$$N_{1T}^{Q_{Z1}} e \leqslant 0.5 f_c b_n t_0^2 + f_y' A_y' (t_0 - a_s') \qquad (F.2.2\text{-}1)$$

$$e = \frac{t}{2} - a_s + e_0 \qquad (F.2.2\text{-}2)$$

$$e_0 = \frac{M_{1T\max}^{N_0}}{N_{1T}^{Q_{Z1}}} \qquad (F.2.2\text{-}3)$$

2 环向钢筋宜按下式计算：

$$A_y' = \frac{N_{\max} - f_c t}{f_y} \qquad (F.2.2\text{-}4)$$

式中：$N_{\max}$——按式(F.2.1-4)计算出的 $N_{2T}^{N_\beta}$ 的拉、压力最大值的绝对值之和(MN/m)；

A_y'——钢筋横截面积(m^2/m)。

F.3 壳体内力及配筋计算

F.3.1 壳体在荷载作用下的内力应按下列方法计算：

1 壳体在 P_g、N_0 作用下沿经线切线方向的内力宜按下列方法计算：

1)壳体在 P_g 作用下沿经线切线方向的内力宜按下列公式计算：

$$N_{1Q}^{P_g} = \frac{P_g r_2}{2} \qquad (F.3.1\text{-}1)$$

$$r_2 = \frac{\sqrt{a^4 Z^2 + b^4 x^2}}{b^2} \qquad (F.3.1\text{-}2)$$

式中：$N_{1Q}^{P_g}$——壳体在 P_g 作用下沿经线切线方向的内力计算值(MN/m)；

r_2——经线的法线与旋转轴的交点到壳体曲面之间的长度(m)；

Z, x——计算点坐标值(m)。

2)壳体在 N_0 作用下沿经线切线方向的弯矩宜按下列公式计算：

$$M_{1Q}^{N_0} = \frac{P_g at}{\sqrt{12(1-\nu_c^2)}} e^{-\beta} \sin\beta \qquad (F.3.1\text{-}3)$$

$$\beta = \sqrt[4]{3(1-\nu_c^2)} \sum \frac{\Delta S}{\sqrt{r_2 t}} \qquad (F.3.1\text{-}4)$$

$$S = \int_0^\alpha \sqrt{a^2 - (a^2 - b^2)\sin^2\alpha} d\alpha \qquad (F.3.1\text{-}5)$$

$$K = \sqrt{\frac{a^2 - b^2}{a^2}} \qquad (F.3.1\text{-}6)$$

$$E(\alpha \cdot K) = \int_0^\alpha \sqrt{1 - K^2 \sin^2\alpha} d\alpha \qquad (F.3.1\text{-}7)$$

当 $\frac{a}{b} = 2$ 时，$K = 0.866$，$\sin^{-1}K = 60°$ 查椭圆积分数值表 $\sin^{-1}K = 60°$ 时不同 α 的 $E(\alpha \cdot K)$ 值可得：

$$S = a \cdot E(\alpha \cdot K) \qquad (F.3.1\text{-}8)$$

式中：$M_{1Q}^{N_0}$——壳体在 N_0 作用下沿经线切线方向的弯矩计算值（MN·m/m）；

ν_c——混凝土泊松比。

3）壳体在荷载作用下沿经线切线方向的应力宜按下列公式计算：

$$\sigma_{1Q}^{N_0} = \frac{6}{t^2} M_{1Q}^{N_0} \qquad (F.3.1\text{-}9)$$

$$\sigma_{1Q}^{P_g} = \frac{1}{t} N_{1Q}^{P_g} \qquad (F.3.1\text{-}10)$$

$$\sigma_1 = \sigma_{1Q}^{N_0} + \sigma_{1Q}^{P_g} \qquad (F.3.1\text{-}11)$$

式中：$\sigma_{1Q}^{N_0}$——壳体在 N_0 作用下沿经线切线方向的应力计算值(MPa)；

$\sigma_{1Q}^{P_g}$——壳体在 P_g 作用下沿经线切线方向的应力计算值（MPa）；

σ_1——壳体在荷载作用下沿经线切线方向的应力计算值(MPa)。

2 壳体在 P_g、N_0 作用下沿环向的内力宜按下列方法计算：

1）壳体在 P_g 作用下沿环向的内力宜按下列公式计算：

$$N_{2Q}^{P_g} = P_g\left(r_2 - \frac{r_2^2}{2r_1}\right) \qquad (F.3.1\text{-}12)$$

$$r_1 = \frac{\sqrt{(a^4 Z^2 + b^4 x^2)^3}}{a^4 b^4} \qquad (F.3.1\text{-}13)$$

式中：$N_{2Q}^{P_g}$——壳体在 P_g 作用下沿环向的内力计算值(MN/m)；

r_1——经线的曲率半径(m)。

2)壳体在 N_0 作用下沿经线切线方向的内力宜按下式计算：

$$N_{2Q}^{N_0} = P_g a e^{-\beta} \cdot \cos\beta \qquad (F.3.1\text{-}14)$$

式中：$N_{2Q}^{N_0}$——壳体在 N_0 作用下沿环向的内力计算值(MN/m)；

3)壳体在荷载作用下沿环向的应力宜按下列公式计算：

$$\sigma_{2Q}^{N_0} = \frac{1}{t}N_{2Q}^{N_0} \qquad (F.3.1\text{-}15)$$

$$\sigma_{2Q}^{P_g} = \frac{1}{t}N_{2Q}^{P_g} \qquad (F.3.1\text{-}16)$$

$$\sigma_2 = \sigma_{2Q}^{N_0} + \sigma_{2Q}^{P_g} \qquad (F.3.1\text{-}17)$$

式中：$\sigma_{2Q}^{N_0}$——壳体在 N_0 作用下沿环向的应力计算值(MPa)；

$\sigma_{2Q}^{P_g}$——壳体在 P_g 作用下沿环向的应力计算值(MPa)；

σ_2——壳体在荷载作用下沿环向的应力计算值(MPa)。

F.3.2 壳体在荷载作用下的配筋应按下列方法计算：

1 壳体在荷载作用下的应力计算应分别计算出 $\omega=90°$、$85°$、$80°$、$75°$、…、$0°$不同角度时的 σ_1、σ_2 值，采用 σ_{1max}、σ_{2max} 进行壳体配筋计算，计算公式如下：

$$\sigma_{max} \leqslant f_c + \rho f_y' \qquad (F.3.2\text{-}1)$$

式中：ρ——井壁截面配筋率(%)；

σ_{max}——分别按公式(F.3.1-11)、公式(F.3.1-17)计算出的壳体在荷载作用下沿经线切线方向和沿环向的最大应力计算值，$\sigma_{max} = \sigma_{1max}$ 或 $\sigma_{max} = \sigma_{2max}$。

2 井壁截面配筋率 ρ 和钢筋截面面积 A_s 应按下列方法计算：

1)当 $\sigma_{max} \leqslant f_c$ 时，应按构造规定配置钢筋；当 $\sigma_{max} > f_c$ 时，

配筋率宜按下式计算：

$$\rho = \frac{\sigma_{max} - f_c}{f_y} \tag{F. 3. 2-2}$$

2）当计算结果 $\rho > \rho_{min}$ 时，A_s 宜按下式计算：

$$A_s = \rho b (r_w - r_n) \tag{F. 3. 2-3}$$

3）当计算结果 $\rho \leqslant \rho_{min}$ 时，A_s 宜按下式计算：

$$A_s = \rho_{min} b (r_w - r_n) \tag{F. 3. 2-4}$$

式中：b——井壁截面计算宽度（m），取 1. 0m；

ρ_{min}——最小配筋率（%），ρ_{min} =0. 8%。

4）当计算结果 ρ 值过大时，应加大井壁厚度。

F. 4 壳顶浅碟效应计算

F. 4. 1 壳顶浅碟效应应按下列方法计算：

1 壳顶浅碟效应宜采用 ϕ =10°（图 F. 4. 1）并应按下列公式进行计算：

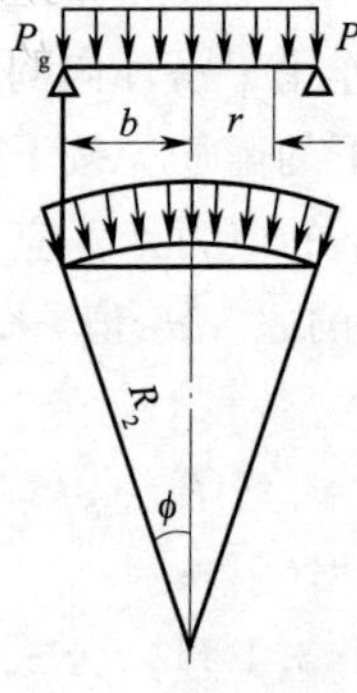

图 F. 4. 1 壳顶浅碟效应计算简图

$$R_2 = \frac{a^2}{(a^2 \sin^2 \phi + b^2 \cos^2 \phi)^{\frac{1}{2}}} \tag{F. 4. 1-1}$$

$$b = R_2 \sin\phi \tag{F. 4. 1-2}$$

2 径向弯矩宜按下式计算：

$$M_1 = \frac{P_g}{16}(3+\mu)(b^2-r^2) \tag{F.4.1-3}$$

3 切向弯矩宜按下式计算：

$$M_2 = \frac{P_g}{16}[(3+\mu)b^2-(1+3\mu)r^2] \tag{F.4.1-4}$$

式中：M_1、M_2——壳顶径向、切向弯矩计算值（MN·m/m）。

4 采用 $r=0$ 时的 M_{1max}、M_{2max} 配筋计算，当中心部分弯矩比较大时，可采用钢板替代钢筋。

F.5 井壁底浮起验算

F.5.1 井壁底浮起应按下列公式验算：

$$V_n\gamma_w > (V_Q+V_T)\gamma_h \tag{F.5.1-1}$$

$$V_Q = \frac{2}{3}\pi(R_1^2H_w - R_2^2H_n) \tag{F.5.1-2}$$

$$V_T = \pi(R_1^2 - R_2^2)H_T \tag{F.5.1-3}$$

$$V_n = \pi R_1^2 H_T + \frac{2}{3}\pi R_1^2 H_w \tag{F.5.1-4}$$

式中：V_Q、V_T——壳体、筒体体积（m^3）；

V_n——井壁底壳体、筒体排开泥浆体积（m^3）；

R_1、R_2——壳体、筒体的外半径、内半径（m）；

H_w、H_n——壳体的外高度、内高度（m）；

H_T——筒体高度（m）。

附录G 钻井法凿井井筒钢板-混凝土复合井壁计算

G.1 内层钢板-外层混凝土复合井壁承载力计算

G.1.1 内层钢板-外层混凝土复合井壁(图G.1.1)的内层钢板筒应力应按下列公式计算:

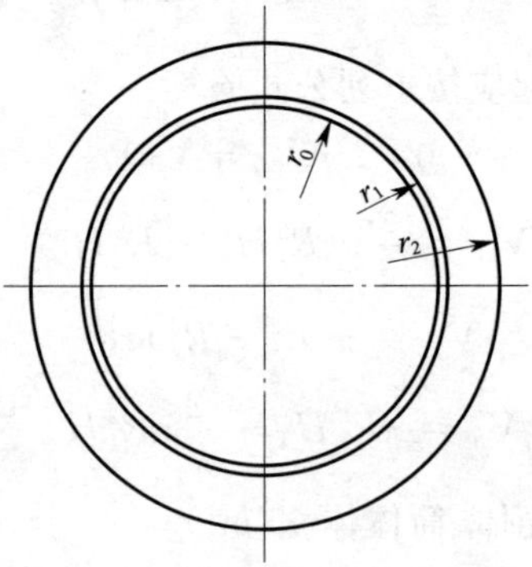

图G.1.1 内层钢板-外层混凝土复合井壁

$$\sigma_{gn} = \frac{-2P_{12}r_1^2}{r_1^2 - r_0^2} \tag{G.1.1-1}$$

$$\sigma_{gn} \leqslant f \tag{G.1.1-2}$$

$$P_{12} = \frac{f_3 P}{f_1 + f_2} \tag{G.1.1-3}$$

$$f_1 = (1 + \mu_g)\left(\frac{1 + t_1^2 - 2\mu_g t_1^2}{t_1^2 - 1}\right)\frac{r_1}{E} \tag{G.1.1-4}$$

$$f_2 = (1 + \mu_h)\left(\frac{t_2^2 + 1 - 2\mu_h}{t_2^2 - 1}\right)\frac{r_1}{E_c} \tag{G.1.1-5}$$

$$f_3 = (1+\mu_h)\left[\frac{2t_2(1-\mu_h)}{t_2^2-1}\right]\frac{r_2}{E_c} \qquad (G.1.1-6)$$

$$t_1 = \frac{r_1}{r_0} \qquad (G.1.1-7)$$

$$t_2 = \frac{r_2}{r_1} \qquad (G.1.1-8)$$

式中：P——计算处地层荷载计算值(MPa)；

σ_{gn}——内层钢板应力计算值(MPa)；

f——钢板设计强度(MPa)；

μ_g——钢板材料泊松比；

μ_h——井壁混凝土材料泊松比；

f_1——钢板井壁外表面在单位外荷载作用下引起的外表面径向位移(m)；

f_2——外层混凝土井壁内表面在单位外荷载作用下引起内表面的径向位移(m)；

f_3——外层混凝土井壁外表面在单位外荷载作用下引起内表面的径向位移(m)；

P_{12}——钢板井壁外表面荷载计算值(MPa)；

E——钢板材料弹性模量(MPa)；

E_c——井壁混凝土材料弹性模量(MPa)。

G.1.2 外层混凝土井壁应力应按下列公式计算：

$$\sigma_h = \frac{(r_1^2+r_2^2)}{r_1^2(t_2^2-1)}P_{12} - \frac{r_1^2t_2^2+r_2^2}{r_1^2(t_2^2-1)}P \qquad (G.1.2-1)$$

$$\sigma_h \leqslant f_s \qquad (G.1.2-2)$$

式中：σ_h——混凝土应力计算值(MPa)。

G.2 双层钢板-混凝土夹层复合井壁承载力计算

G.2.1 双层钢板-混凝土夹层复合井壁(图G.2.1)的内层钢板筒应力应按下列公式计算：

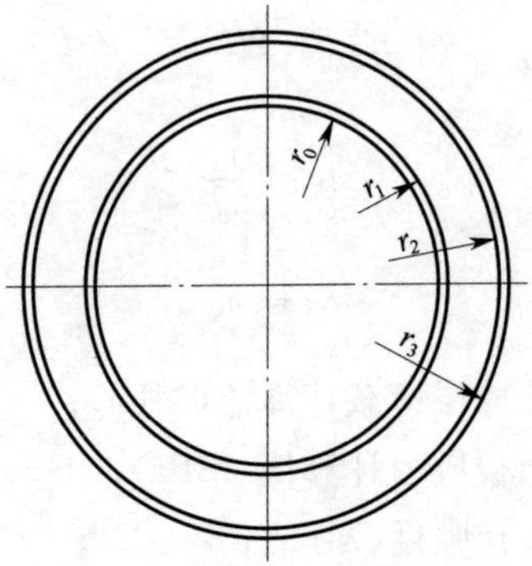

图 G.2.1　双层钢板-混凝土夹层复合井壁

$$\sigma_{gn} = \frac{-2P_{12}r_1^2}{r_1^2 - r_0^2} \qquad \text{(G. 2. 1-1)}$$

$$\sigma_{gn} \leqslant f \qquad \text{(G. 2. 1-2)}$$

$$P_{12} = \frac{f_3 P_{23}}{f_1 + f_2} \qquad \text{(G. 2. 1-3)}$$

$$f_1 = (1 + \mu_g)\left(\frac{1 + t_1^2 - 2\mu_g t_1^2}{t_1^2 - 1}\right)\frac{r_1}{E} \qquad \text{(G. 2. 1-4)}$$

$$f_2 = (1 + \mu_h)\left(\frac{t_2^2 + 1 - 2\mu_h}{t_2^2 - 1}\right)\frac{r_1}{E_c} \qquad \text{(G. 2. 1-5)}$$

$$f_3 = (1 + \mu_h)\left[\frac{2t_2(1 - \mu_h)}{t_2^2 - 1}\right]\frac{r_2}{E_c} \qquad \text{(G. 2. 1-6)}$$

$$t_1 = \frac{r_1}{r_0} \qquad \text{(G. 2. 1-7)}$$

$$t_2 = \frac{r_2}{r_1} \qquad \text{(G. 2. 1-8)}$$

G. 2. 2　中间混凝土夹层应力应按下列公式计算：

$$\sigma_h = \frac{r_1^2 + r_2^2}{r_1^2\left[\left(\frac{r_2}{r_1}\right)^2 - 1\right]}P_{12} - \frac{r_1^2\left(\frac{r_2}{r_1}\right)^2 + r_2^2}{r_1^2\left[\left(\frac{r_2}{r_1}\right)^2 - 1\right]}P_{23} \qquad \text{(G. 2. 2-1)}$$

$$P_{23} = \frac{f_7 P}{f_5 + f_6 - \frac{f_3 f_4}{f_1 + f_2}} \tag{G. 2. 2-2}$$

$$f_4 = (1 + \mu_h)[\frac{2t_2(1 - \mu_h)}{t_2^2 - 1}]\frac{r_1}{E_c} \tag{G. 2. 2-3}$$

$$f_5 = (1 + \mu_h)(\frac{1 + t_2^2 - 2\mu_h t_2^2}{t_2^2 - 1})\frac{r_2}{E_c} \tag{G. 2. 2-4}$$

$$f_6 = (1 + \mu_g)(\frac{t_3^2 + 1 - 2\mu_g}{t_3^2 - 1})\frac{r_2}{E} \tag{G. 2. 2-5}$$

$$f_7 = (1 + \mu_g)\left(\frac{2t_3(1 - \mu_g)}{t_3^2 - 1}\right)\frac{r_3}{E} \tag{G. 2. 2-6}$$

$$t_3 = \frac{r_3}{r_2} \tag{G. 2. 2-7}$$

$$\sigma_h \leqslant f_c \tag{G. 2. 2-8}$$

式中：P_{23}——混凝土夹层井壁外表面荷载计算值(MPa)；

f_4——混凝土夹层井壁内表面在单位外荷载作用下引起外表面的径向位移(m)；

f_5——混凝土夹层井壁外表面在单位外荷载作用下引起外表面的径向位移(m)；

f_6——外层钢板井壁内表面在单位外荷载作用下引起内表面的径向位移(m)；

f_7——外层钢板井壁外表面在单位外荷载作用下引起的内表面径向位移(m)。

G. 2. 3 外层钢板筒应力应按下列公式计算：

$$\sigma_{gw} = \frac{(r_2^2 + r_3^2)P_{23} - 2r_3^2 P}{r_3^2 - r_2^2} \tag{G. 2. 3-1}$$

$$\sigma_{gw} \leqslant f \tag{G. 2. 3-2}$$

式中：σ_{gw}——外层钢板应力计算值(MPa)。

本规范用词说明

1 为便于在执行本规范条文时区别对待,对要求严格程度不同的用词说明如下:

1)表示很严格,非这样做不可的:

正面词采用“必须”,反面词采用“严禁”;

2)表示严格,在正常情况下均应这样做的:

正面词采用“应”,反面词采用“不应”或“不得”;

3)表示允许稍有选择,在条件许可时首先应这样做的:

正面词采用“宜”,反面词采用“不宜”;

4)表示有选择,在一定条件下可以这样做的,采用“可”。

2 条文中指明应按其他有关标准执行的写法为:“应符合……的规定”或“应按……执行”。

引用标准名录

《混凝土结构设计规范》GB 50010

《钢结构设计规范》GB 50017

《混凝土结构工程施工质量验收规范》GB 50204

《钢结构工程施工质量验收规范》GB 50205

《气焊、焊条电弧焊、气体保护焊和高能束焊的推荐坡口》GB/T 985.1

《埋弧焊的推荐坡口》GB/T 985.2

《纤维增强塑料拉伸性能试验方法》GB/T 1447

《纤维增强塑料压缩性能试验方法》GB/T 1448

《纤维增强塑料弯曲性能试验方法》GB/T 1449

《冷拔异型钢管》GB/T 3094

《定向纤维增强聚合物基复合材料拉伸性能试验方法》GB/T 3354

《定向纤维增强聚合物基复合材料弯曲性能试验方法》GB/T 3356

《混凝土外加剂》GB 8076

《煤矿井下用玻璃钢制品安全性能检验规范》GB 16413

《混凝土防冻剂》JC 475

《钢筋焊接及验收规程》JGJ 18

《钢筋机械连接技术规程》JGJ 107

《建筑钢结构防腐蚀技术规程》JGJ/T 251

《立井罐道用冷弯方形空心型钢》MT/T 557

《煤矿井筒装备防腐蚀技术规范》MT/T 5017

中华人民共和国国家标准

煤矿立井井筒及硐室设计规范

GB 50384 - 2016

条 文 说 明

修 订 说 明

《煤矿立井井筒及硐室设计规范》GB 50384—2016，经住房城乡建设部2016年8月18日以第1259号公告批准发布。

本规范是在《煤矿立井井筒及硐室设计规范》GB 50384—2007的基础上修订而成的，上一版的主编单位是中煤国际工程集团南京设计研究院，参编单位是安徽理工大学、煤炭工业合肥设计研究院，主要起草人是李现春、林鸿苞、江新春、孔祥国、陈长臻、陈招宣、赵汝顺、王经东、王仲民、吴文斌。

为便于广大设计、施工、科研、学校等单位有关人员在使用本规范时能正确理解和执行条文规定，《煤矿立井井筒及硐室设计规范》编制组按章、节、条、款顺序编制了本规范的条文说明，对条文规定的目的、依据以及执行中需注意的有关事项等进行了说明，并着重对强制性条文的强制性理由做了解释。但是本条文说明不具备与规范正文同等的法律效力，仅供使用者作为理解和把握本规范规定的参考。

目　　次

1 总 则

1.0.1 本条指出了制定本规范的目的，本规范各章节的条文都是在该原则下制订的。

1.0.2 本规范第6章井筒支护部分中，6.2节“普通凿井法井筒支护”适用于基岩深度小于800m的立井井筒设计；6.3节“冻结凿井法井筒支护”和6.4节“钻井凿井法井筒支护”适用于表土层厚度小于500m、冻结或钻井凿井深度小于600m的立井井筒设计；6.5节“沉井凿井法井筒支护”适用于表土层厚度小于200m的立井井筒设计；6.6节“帷幕凿井法井筒支护”适用于表土层厚度小于60m的立井井筒设计。对超出本规范适用范围的立井井筒进行支护设计时，可根据实际情况在本规范有关规定的基础上，对井筒支护结构或强度做进一步的调整或加强。

相关硐室是指与立井井筒相关连的各种硐室。

1.0.3 本条针对采用新技术时可能存在的盲目性，强调了采用新技术所应遵循的原则。

1.0.4 立井井筒及硐室工程设计应根据井筒检查钻孔提供的地质、水文地质资料等进行多方案的技术、经济比较，确定最优方案。

当距井筒中心25m范围内已有钻孔，并有符合检查钻孔要求的地质、水文地质资料时，可作为检查钻孔使用。

1.0.6 本条规定，立井井筒及硐室工程设计除应符合本规范外，尚应符合国家现行有关标准的规定。

3 基本规定

3.0.1 我国自20世纪90年代以来，煤矿立井井筒所穿过的表土层和井筒深度越来越深，井筒直径越来越大，作为矿井咽喉的立井井筒，有必要适当提高其安全度，因此立井井筒设计时，可根据实际情况选择结构重要性系数。

3.0.2 混凝土结构安全系数值是以现行国家标准《混凝土结构设计规范》GB 50010为基础，结合以往设计经验统计归纳制订的。

本规范立井井筒采用以安全系数法为基础的计算方法进行井壁结构设计，考虑以下因素：

(1)立井井筒为地下结构，其井壁受力状态复杂，荷载类型、大小及其不均匀程度的确定等都比较粗略。现阶段采用分项多系数极限状态设计法尚不成熟。

(2)现行国家标准《混凝土结构设计规范》GB 50010—2010第5.4.2条规定：对于直接承受动力荷载的构件，以及要求不出现裂缝或处于三a、三b环境情况下的结构，不应采用考虑塑性内力重分布的分析方法。立井井筒井壁属不允许出现裂缝的结构。

(3)多年来，我国采用普通凿井法、特殊凿井法已建成大量立井井筒，其井壁都是采用弹性体系设计的，积累了丰富的经验，并建立了一套较完整的计算方法。实践证明，按此方法进行井壁结构的设计计算是完全能满足安全可靠、技术先进、经济合理的要求。

3.0.3 圆形断面井筒有承受地压性能好、通风阻力小、便于施工等优点，因此立井井筒应选用圆形断面；采用钻井凿井法、沉井凿井法、帷幕凿井法施工的井筒，确定井筒断面尺寸时，必须考虑井筒偏斜对井筒有效直径的影响。

3.0.4 1987年以来在淮北、大屯等地区部分井筒先后发生破坏，1993年以来兖州矿区的部分井筒也出现类似问题。其破坏位置多在表土与基岩交界面上下。理论研究与工程实测均表明，与地层疏水而引起地层沉降、黏性土厚冻结壁融沉、井壁结构不能适应地层沉降等因素有关，地层的地质及水文地质情况不同对其影响较大，因此在厚表土地层或有地层沉降的地区建井时，应考虑地表沉降等因素产生的竖向附加力对井筒的影响。一般情况下，对表土层厚度不大于200m的井筒，井壁结构可采取提高其强度的方法来抵抗竖向附加力和水平地压的共同作用；对表土层厚度大于200m的井筒，井壁结构可采用“抗让结合”等形式井壁。采用何种结构形式，应根据井筒将通过地层的地质及水文地质情况，通过技术、经济比较后确定。

3.0.6 地层所含水中的硫酸盐、镁盐、铵盐、苛性碱、总矿化度、侵蚀性二氧化碳、碳酸氢根、pH值等都会成为井壁混凝土或钢筋、井筒装备金属构件的腐蚀因素，回风井空气中侵蚀性气体或某些有害气体与井筒淋水反应后形成侵蚀性淋水，也会成为井筒装备金属构件、井壁混凝土的腐蚀因素，因此当地层所含水及相关气体具有腐蚀性时，设计应考虑腐蚀对混凝土、钢筋、钢材等材料的影响。

3.0.8 地震强度较大时，易对上段井筒造成破坏，这已在唐山地震中充分地表现出来。因此地震烈度为7度及以上时，上部井筒的井壁必须采用钢筋混凝土结构。

4 材 料

4.4 玻 璃 钢

4.4.1～4.4.4 立井井筒及硐室中玻璃钢宜采用以合成树脂为基料、玻璃纤维制品为增强材料、内嵌(或不内嵌)一定规格的钢芯，并具有抗静电、阻燃性能的复合材料制作。

4.5 其他常用材料

4.5.3 钢纤维混凝土的设计、施工和检测应满足国家现行标准《钢纤维混凝土》JG/T 3064、《混凝土用钢纤维》YB/T 151、《纤维混凝土结构技术规程》CECS 38、《混凝土结构工程施工质量验收规范》GB 50204 等的有关规定。

5 井筒装备

5.1 井筒平面布置

5.1.1 本条规定了井筒平面布置时应考虑的因素以及对井筒装备和平面布置形式的要求和设计原则。

5.1.4 规定井筒净直径按 0.5m 进级主要是为了重复使用建井设备，净直径 6.5m 以上的井筒或采用钻井凿井法、沉井凿井法、帷幕凿井法施工的井筒因采用 0.5m 进级，井筒工程量大而不经济，可根据实际需要确定。

当建井设备(特别是井筒砌壁模板)能够适应井筒直径的一些变化时，净直径为 6.5m 以下的井筒或采用冻结凿井法、注浆凿井法等特殊凿井法和普通凿井法施工的立井井筒，也可不受 0.5m 进级限制。

5.2 钢丝绳罐道

5.2.1 钢丝绳罐道与刚性罐道相比具有结构简单、节省钢材、安装维修方便、井筒通风阻力小、提升容器运行平稳等优点，但钢丝绳罐道要求提升容器之间及提升容器与井壁、井梁之间的安全间隙比刚性罐道大，故井筒断面一般要相应加大。因此，钢丝绳罐道宜应用于小型矿井或浅井井筒中。

5.3 刚性罐道和罐道梁

5.3.1 刚性罐道与钢丝绳罐道相比具有井筒断面一般较小、井筒深度相应减少、有利于多水平提升等优点，但刚性罐道有钢材消耗量较大、结构较复杂、安装工程量较大等缺点。

1 钢轨罐道具有加工与安装方便的优点；

2 型钢组合罐道强度大，使用年限长，但加工与安装工程量大；

3 冷弯方形型钢罐道、冷拔方管型钢罐道的截面参数见图1，技术参数应分别按现行行业标准《立井罐道用冷弯方形空心型钢》MT/T 557 和现行国家标准《冷拔异型钢管》GB/T 3094 执行；

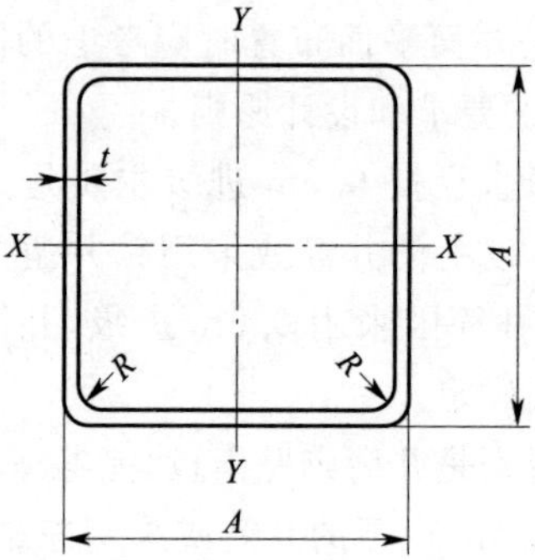

图1 方形型钢罐道截面形状

4 玻璃钢复合罐道，采用内衬钢芯、外包玻璃钢经模压热固化处理制成。它具有成型误差小、耐腐蚀、使用年限长等优点，并可根据强度要求经计算而选择内衬钢芯的厚度。但内衬钢芯与玻璃钢的黏结强度等性能参数应符合有关技术规定。

5.3.2 对于提升容器作用在罐道上的水平力，多年来国内科研、设计单位做了大量的测试工作，取得了丰富的测试资料，这些测试的井筒其提升终端荷载一般在 45t 以下，因此提升终端荷载 45t 以下的井筒，其罐道水平力可按本条各公式计算。

对于提升终端荷载 45t 及以上的井筒测试工作做的不多，中国矿业大学运用相对运动原理建立了刚性井筒装备水平力模拟实验台，从工程使用的角度考虑，对影响水平力的三个主要因素（Q、v、L）按正交设计进行了大量实验，取得了在各种情况下提升容器（胶轮滚动罐耳）沿矩形截面罐道运行所产生的水平力数据，在对实验数据进行回归分析的基础上，提出了水平力工程计算公式，即：

$$p_{H} = 0.132Q^{0.421}v^{0.9596}L^{-0.0345} \tag{1}$$

式中：Q——终端荷载(kN)；

p_{H}——水平作用力(kN)；

v——提升速度(m/s)；

L——罐道梁(或悬臂支座)层间距(m)。

该公式是中国矿业大学在提升速度 10m/s ～20m/s、终端荷载 200kN～600kN 的基础上建立起来的。

近年来，我国中、大、特大型矿井大量涌现，其提升终端荷载多在 45t 以上且罐道布置形式多样化，罐道所承受的荷载还有待于今后继续做一些研究工作。

因此提升荷载 45t 以上时，可以本条、条文说明中各公式为基础进行设计计算。

5.3.3 玻璃钢复合罐道，由玻璃钢与钢材两种材料复合而成，在计算其强度和刚度指标时，需要用不同材料的层合梁理论，将两种材料的截面换算成一种材料的等价截面，然后用与单一材料梁相同的方法加以分析计算。

可按下列公式进行计算：

$$\alpha = \frac{E_i}{E_0} \tag{2}$$

$$\sigma_i = \alpha\frac{My_i}{I_0} \tag{3}$$

对于中点承受集中荷载的梁，其弯曲挠度为：

$$\Delta = \frac{Pl^3}{48E_0I_0} \tag{4}$$

式中：E_0——选定的基准材料层的弹性模量；

E_i——第 i 层材料的弹性模量；

I_0——层合梁折算截面的惯性矩；

M——计算截面处的弯矩；

y_i——i 处距中性轴的距离；

P——梁中点所受的集中荷载。

计算挠度时，只考虑弯曲变形的影响，忽略剪切变形引起的附加挠度。

5.3.5 工字钢罐道梁加工安装方便，但受力性能差；槽钢组合罐道梁由两根 20 号或 18 号或 16 号槽钢对焊加工制成，具有强度大、受力性能好的优点，但加工工作量大；冷弯、冷拔矩形型钢罐道梁具有加工方便、强度大、受力性能好的优点，截面参数见图 2，技术参数应分别按现行行业标准《立井罐道用冷弯方形空心型钢》MT/T 557、现行国家标准《冷拔异型钢管》GB/T 3094 执行。

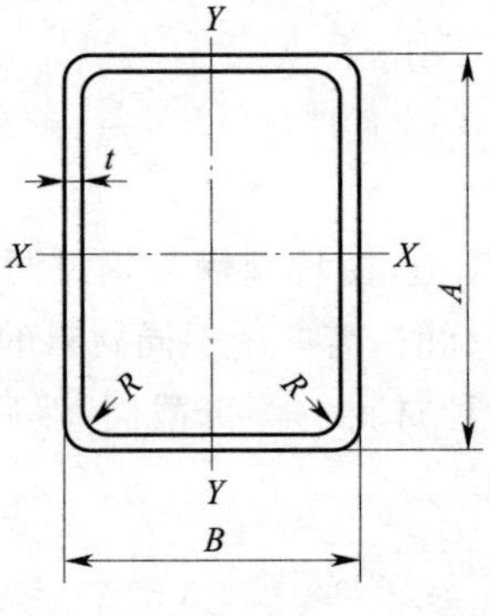

图 2 矩形型钢罐道梁截面形状

5.3.6 简支梁具有结构简单、安装方便、受力条件好等优点，但材料消耗及通风阻力大；悬臂式罐道梁具有构件小、节省钢材、井筒通风阻力小等优点，但结构受力性能差，所以一般悬臂长度不宜超过 700mm。

5.3.8 为保证井壁强度和整体性，防止井壁漏水，避免开凿梁窝可能引起的风险，本条明确规定了严禁井筒内采用梁窝固定罐道梁及其他各种梁的工况条件。

处于冻结基岩段内的梁受力大时，在保证井壁能够承受各种荷载且无集中出水点的前提下，可采用预留梁窝固定。

5.3.9 为防止树脂锚杆施工时锚杆孔穿透井壁，造成井壁漏水，因此规定锚固长度不应超过双层井壁中内层井壁厚度的 4/5，不宜超过单层井壁厚度的 3/5。

5.3.10 本条中支座包含固定罐道和罐道梁、井梁、梯子梁等各种梁的支座。

5.3.11 罐道悬臂支座受力及截面尺寸分别如图 3、图 4 所示。

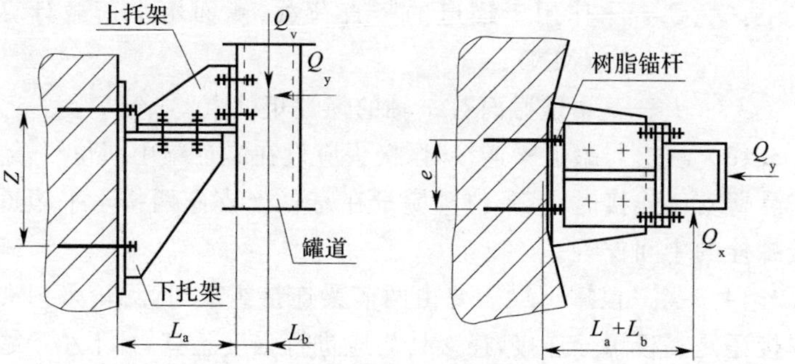

图 3 支座受力简图

L_b—罐道中心线至罐道与支座连接点的距离(m)；L_a—罐道与支座连接点至井壁的垂直距离(m)；Z—固定支座的锚杆的垂直距离(m)；e—固定支座的锚杆的水平距离(m)

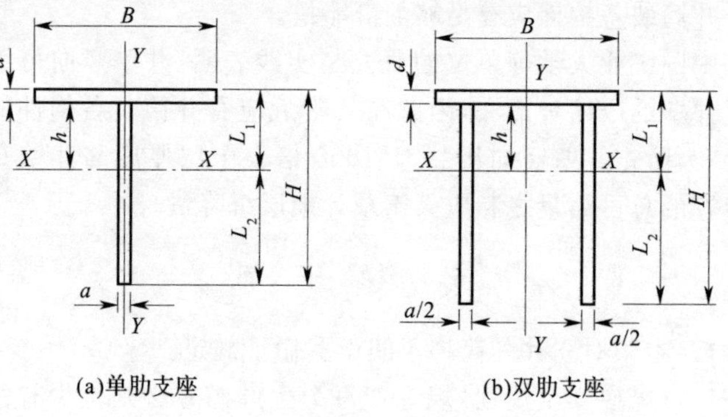

图 4 支座截面尺寸简图

L_1—支座截面形心至背板外缘的距离(m)；B—支座背板宽度(m)

公式(5.3.11)中：

$$M_{x3} = Q_x (L_a + L_b) \tag{5}$$

$$M_v = Q_v (L_a + L_b) \tag{6}$$

$$W_{x3} = \frac{I_x}{L_1} \tag{7}$$

$$W_{y3} = \frac{I_y}{\frac{B}{2}} \tag{8}$$

式中：Q_v、Q_x——作用于罐道的竖直荷载、侧面水平荷载计算值(MN)；

I_x——罐道截面对 x 轴的惯性矩(m^4)。

5.3.13 罐道与罐道梁连接时，接头应设在罐道梁中间位置；罐道与悬臂支座连接时，接头位置应设在悬臂上支座两排水平罐道连接螺栓的中间位置。

5.3.14 当一根罐道梁需要由两节梁连接组成时，无论采用夹板焊接还是夹板螺栓连接，连接处均应进行强度验算，且不小于罐道梁母体的强度，以保证罐道梁正常使用。

5.3.16 当井筒采用竖向可缩型井壁结构时，应在井壁可缩装置处或附近及其他井壁压缩量较大的位置，设置井筒装备可缩装置。

井筒装备构件应有足够的可缩量。

中国矿业大学等单位的研究与实践表明：井壁竖向可缩装置附近井壁的压缩量最大，因此在其附近应有井筒装备构件的可缩装置；为防止井壁竖向压裂，1/1000 倍表土层厚度与井壁竖向可缩装置的总可缩量之和应大于预计地层沉降量。

5.4 梯 子 间

5.4.1 本条对立井井筒梯子间设置做了规定。

1 《煤矿安全规程》规定："每个生产矿井必须至少有 2 个能行人的通达地面的安全出口"。

3、4 为使梯子间使用方便，当井深超过 300m 时，宜每隔

200m左右设置一个休息硐室。休息硐室宜采用拱形断面，宽度宜与梯子间台板长度一致，深度宜为1.5m～3.0m，高度宜不小于2.2m。

5、6 为保证井壁强度和整体性，防止井壁漏水，避免开凿硐室可能引起的风险，明确了严禁设置休息硐室的工况条件。

5.4.2 在井筒装备中，顺向和折返式两种梯子间布置形式应用较多。折返式梯子间使用安全、方便，但需要的平面尺寸较大。在井筒装备设计中，根据需要也可采用其他形式的梯子间，但各项参数应满足本规范第5.4.3条的要求。

5.4.3 为确保梯子间的安全、正常使用，本条对梯子间布置做了具体规定。

5.5 过放保护和稳罐装置

5.5.2 本条对井底过放保护装置设计做了规定。

3 制动装置最大减速度限制，是从保护人身安全和保护容器不发生永久变形为出发点，有人员上下罐笼井，主要限制是空罐（乘1人）下降制动减速度不得大于人能承受的$3g$（g为重力加速度，下同）。箕斗井或不上下人员罐笼井最大减速度限制，采用空罐不大于$5g$，重罐不大于$3g$，是与现行容器设计强度在最大静荷载下主要杆件安全系数10倍～7倍相适应的。也就是在最大制动减速度时主要杆件受力不超过屈服极限。

4 立井提升防过放装置是恒制动力的制动装置，制动减速度基本上是恒定值；楔形木罐道制动，制动减速度是递增的。所以采用防过放装置时采用了较小的超前值。

5 由于井下容器相对于井上容器超前进入制动及井上容器在提升机带电全速过卷状态下制动距离会远大于井下制动距离，这样井上下容器制动终点距（相对于井上下标准停罐位置）就会有相当大的差值。为避免过卷时松绳过多，限制井上下制动终点计算差距不应大于4m。

7 为保持井上下布置上的平衡，限制井上最大过卷高度与井底最大过放高度之差不大于2m；条文中，“井上最大过卷高度”为井上装卸标准位置时容器顶至井上防撞梁底面高度；“井底最大过放高度”为井下装卸标准位置时容器底面至井下托罐梁顶面高度。

为保证井下制动装置在提升机过放时吸收全部下降容器的动能而不致撞在托罐梁上，所以要求在最大制动荷载时制动距离要留1.5m以上的余量。

5.5.3 在一些淋水较大的井筒，井筒淋水对井底水平上下人员、设备维护造成很大困难。在目前暂不能从井壁结构上彻底消除淋水的情况下，要求在井筒与井底车场连接处上方沿壁截水，通过管路导引至下方水沟，以改善上下人及生产操作条件。

5.6 管路及电缆的敷设

5.6.1 立井井筒管路无论用法兰连接还是焊接连接，在下端与支撑梁刚性连接的管路段，均宜设置管路伸缩装置与上端支撑梁连接，以消除温度应力和防止管路位移甚至失稳。虽然很多矿井管路未装伸缩装置而未发生影响生产的事故，但也有些矿井管路发生严重位移，有的管路的位移已影响矿井提升。

5.6.2 在井筒装备中，如果罐道梁采用树脂锚杆固定，电缆卡也应采用树脂锚杆固定。

5.7 井筒装备的腐蚀与防护

5.7.1 大气环境中所含的腐蚀性物质的成分、浓度、相对湿度是影响钢结构腐蚀的关键因素，现行行业标准《建筑钢结构防腐蚀技术规程》JGJ/T 251根据碳钢在不同大气环境下暴露第一年的腐蚀速率(mm/a)，将腐蚀环境类型分为六大类。进行钢结构防腐蚀设计时，可按钢结构所处位置的大气环境和年平均环境相对湿度确定大气环境腐蚀性等级。

5.7.2 腐蚀环境包含：井筒空气环境和地层水的 pH 值、阴阳离子类型及含量等因素。

5.7.3 普通防腐、重防腐、长效防腐的定义参照现行行业标准《煤矿井筒装备防腐蚀技术规范》MT/T 5017 中的规定。

6 井筒支护

6.1 一般规定

6.1.3 对于沉井凿井法井筒支护，井壁截面配筋率应符合本条第1款的规定。

6.2 普通凿井法井筒支护

6.2.1 普通凿井法井筒宜采用整体浇筑混凝土或钢筋混凝土单层井壁。

当无装备的井筒处在Ⅰ类～Ⅲ类且淋水较小的岩层中时，可采用喷射混凝土或金属网、喷射混凝土及锚杆、金属网、喷射混凝土支护，且喷射混凝土的强度等级不应低于C20；也可采用料石、混凝土砌块支护。采用料石、混凝土砌块支护时，井筒深度应小于200m，直径应小于5.0m。

6.2.2 为提高井壁的防水性能，井壁接茬处应进行充填注浆，处于含水基岩中的井筒应进行壁后注浆封水。

6.2.3 本条及其他条文中所述的标准荷载、标准内力，是指未考虑结构安全系数的荷载或内力值。标准荷载乘以安全系数即为计算荷载，由计算荷载求得的内力值或由标准内力乘以安全系数求得的内力值称为计算内力值。按标准荷载乘以安全系数求得的内力值与按标准内力乘以安全系数求得的内力值是等效的。

6.2.4 1987年以来，在我国两淮、大屯、兖州等矿区相继发生了井壁破损现象。井壁破裂多发生在表土与基岩界面附近。研究结果表明，井壁破裂主要原因为周围土层下降在井壁外侧产生的竖向附加力。因此近年来的井壁结构设计均考虑了竖向附加力的影响，并采取了相应的措施。本规范中规定竖向力计算中应考虑竖向附加力的影响，但由于各矿区地层条件不同，该力大小也差别较大，有的矿区也可能不存在该力，设计时可根据具体条件按试验数据或经验选取，也可参考本规范第 6.2.7 条条文说明中的有关数据。

6.2.7 条文中井壁竖向承载力的计算考虑了竖向附加力。

中国矿业大学的研究表明，竖向附加力的大小与下列因素有关：疏水层的厚度、埋深、水压下降量及下降速率，疏水层上覆土层的力学性质，井壁结构形式、井壁竖向极限承载力等，最大可达 250kPa 以上。

设计中可根据经验选用，也可参考中国矿业大学根据相关试验提出的祁南矿井副井井筒井壁外缘单位面积的竖向附加力值(50kPa)和原煤科总院北京建井所提出的设计标准值(淮北矿区为 61.5kPa，大屯、徐州矿区为 56.4kPa，其他矿区为 62.1kPa)。

存在产生竖向附加力的条件时，可采用“抗”、“让”或“抗－让结合”型井壁结构。

6.2.8 当井筒处在Ⅰ类～Ⅲ类中等稳定以上、不含水或低涌水岩层中时，可采用类比法或经验数据确定井壁厚度；对于含水较丰富或地应力较大的岩层，可适当加大井壁厚度或提高混凝土强度等级。

6.3 冻结凿井法井筒支护

6.3.1 井壁的材料可根据承载及封水要求选择：

(1)混凝土类材料：素混凝土、钢筋混凝土、纤维混凝土等；

(2)钢(铁)类材料：型钢、钢板、铸钢(铁)弧板等；

(3)上述两种材料的复合。

井壁材料宜选用混凝土类材料；当提高混凝土强度等级有困难或不经济时，通过增加井壁的含钢量——采用混凝土与钢(铁)复合材料进行支护。

6.3.2 本条对冻结凿井法井筒支护做了规定。

1 采用冻结凿井法施工的井筒，为保证表土层段井筒自重及因地层沉降等作用在井壁上的竖向力能够被基岩所吸收，冻结凿井段井筒掘砌深度应进入稳定基岩一定距离，该段井壁称为“壁基”。

为了保证井筒冻结段底部的掘砌施工安全，防止井筒突水，采用冻结凿井法施工的井筒，冻结深度应深于冻结段井筒深度，并符合现行国家标准《煤矿井巷工程施工规范》GB 50511 的有关规定。

2 壁基下部围岩容许压应力[σ]宜根据具体工程地质选取；也可按《采矿工程设计手册》(煤炭工业出版社 2003 年版)选取：坚硬致密的岩层，[σ]=3.0MPa ～3.5MPa；中等硬度的岩层，[σ]=2.5MPa；软岩层，[σ]=2.0MPa。

3 在如图 6.3.2 所示冻结凿井法井壁结构中，按计算将一定高度的内外层井壁整体浇筑作为壁座，是为了防止内外层井壁之间的水进入井筒或相关硐室。

4 采用双层井壁或带夹层的双层复合井壁时，在硐室上方设置一个一定高度的内、外层井壁整体浇筑的壁座，是为了防止或减少内外层井壁之间的水进入硐室或减小对硐室的水压。

5 强调内、外层井壁整体浇筑部分以下井壁应渐变至正常基岩段井壁厚度主要是为了避免井壁强度突变引起较大应力集中；当冻结孔导通含水地层、冻结孔封闭治理不理想时，容易导致冻结段井壁下端水平至冻结深度水平间围岩及井壁渗漏水较大，该段井壁强度应满足注浆要求。

6 冻结凿井法井筒处于较厚表土层中时，宜在冻结壁与现浇混凝土井壁之间铺设 25mm～75mm 厚的泡沫塑料板，以减缓冻结壁对井壁的冻胀力及变形压力作用；调节作用在井壁上的不均匀压力；利用泡沫塑料板良好的隔热保温性能，为现浇混凝土井壁提供良好的养护条件。

7 中国矿业大学的研究表明，在水泥水化热的作用下，一般情况下内层井壁的温度在砌筑后 1d～2d 左右升至峰值(约 40℃～

80℃，内壁越厚，峰值温度越高），随后内壁温度下降，内壁产生冷缩。内壁由于受外壁的约束不能自由收缩而产生约束温度应力。在该约束温度应力作用下，内壁易出现近水平裂缝。内、外层井壁间铺设1.5mm～3.0mm的塑料板或一定厚度的油毡后，可减小内、外层井壁间的约束力，减少内壁的近水平裂缝。

塑料薄板（夹层）的性能应符合表4.5.2的规定；沥青油毡的性能应符合现行行业标准《煤矿冻结法开凿立井工程技术规范》MT/T 1124的规定。

8 为了提高井壁的安全性和封水性，应对双层井壁间或单层井壁的壁后、接茬处择机进行注浆。

6.3.3 本条对井壁所受经向荷载标准值计算做了规定。

2 本款对内、外层井壁分别承受的径向荷载标准值计算做了规定。

1）内、外层井壁之间未铺设塑料夹层时，内壁荷载折减系数k_z取0.81～1.00，当井筒直径大于6.0m、深度大于500m时，宜取0.81～1.00范围内的较大值。

内、外层井壁之间铺设夹层时，k_z宜取0.95～1.00。

公式（6.3.3-3）中，H为井壁计算处深度（m），当有准确资料能够确定井筒双层井壁深度范围内地下水最大静水位标高且低于地面时，H可取该地下水最大静水位标高与井壁计算处标高之间的距离（m），在此情况下，k_z可取1.00。

2）外层井壁承受的冻结压力（冻胀力和冻结壁变形压力）的大小与土层的埋深、土层的性质、井帮的温度、井帮的裸露时间、外层井壁的结构形式等因素有关。本规范表6.3.3中给出的值，是在大量测试资料的基础上归纳出的经验数据，设计单位可根据不同地区的地层情况，对表中的数值作适当调整。

在进行冻结基岩段井壁计算时，可不考虑不均匀压力的作用。

6.3.5 冻结段井壁应对壁间（根据需要可对壁后、接茬处）注浆，注浆前应对注浆段井壁进行强度验算。

6.4 钻井凿井法井筒支护

6.4.1 本条规定了钻井凿井法井壁结构计算原则，应按荷载分段设计；如果建井地区存在竖向附加力时，应一并考虑。

6.4.2 采用钻井凿井法施工的井筒，为保证表土层段井筒自重及因地层沉降等作用在井壁上的竖向力能够被基岩所吸收，钻井法井筒支护深度必须进入稳定基岩一定距离，当表土层厚度及钻井深度均较大时，进入稳定基岩深度应适当增大。

6.4.3 由于钻井凿井法可能产生允许的偏斜，因此提升井筒断面除应满足提升容器、井筒装备等布置要求及通风要求外，还应考虑偏斜的影响；如果井筒采取变内断面设计，也应考虑变断面以上井筒净直径增大可部分抵消整个井筒偏斜的作用，以保证井筒的正常使用。

6.4.4 钢板-混凝土复合井壁根据钢板位置不同可分为内层钢板-钢筋混凝土复合井壁、双层钢板-混凝土夹层复合井壁等。

由于钢板-混凝土复合井壁结构有较高的承载能力，可减薄井壁厚度，因而在井筒支护中得到广泛应用。随着高强度等级混凝土材料不断研制成功，混凝土支护强度大大提高，有效地减薄了井壁厚度并取得了较大技术经济效益，设计时，宜采用高强混凝土结构井壁。

6.4.6 本条对钢板-混凝土复合井壁内层铜板筒的设置做了规定。

1 内层钢板内侧暴露于空气中，为防止或减轻其腐蚀破坏，内层钢板必须采取防腐措施。钢板筒内侧是指钢板筒朝向井筒中心线一侧。

3 为防止内层钢板与混凝土之间出现鼓包现象，内层钢板内侧必须设置泄水孔。

6.4.7 井壁底以上若干节井壁根据计算需要设置防坠托梁时，单节井壁的节高可根据计算确定。

6.4.9 井壁节间注入微膨胀浆液时，应对法兰盘焊缝进行验算。

6.4.10 检查孔主要用于壁后充填质量的检查和补偿注浆。

6.4.11 以往的井壁底结构设计中，也有采用浅碟式的，但由于其结构不甚合理，受力性能差，施工性能差，仅适用于直径较小的浅井中，应用较少，故本规范不再列入。

半球式井壁底承受均匀的泥浆压力，受力性能较好，但井壁底高度大、球面施工较困难，对于掌握了地膜施工的单位，是可以选用的一种井壁底形式；削球式井壁底受力性能好，半椭圆回转扁球壳井壁底高度较小、受力性能较好，两者均是可以选用的井壁底形式。

6.4.14 井壁底组合壳圆形钢板应设置混凝土充填孔、振捣孔，圆形钢板及振捣孔直径根据需要确定，圆形钢板应与径向钢筋焊接。

6.4.16 钢筋接头包括钢筋之间、钢筋与钢板之间的连接。

6.4.17 为了防止井壁吊环在井壁起吊过程中发生脆断，导致井壁脱落，吊环必须采用热轧碳素圆钢制作，并严禁采用冷弯方式加工。

6.4.21 我国早期在钻井凿井法井壁结构设计时，井壁外侧所受径向水平荷载均按1.3倍静水压力计算，这一结果是沿用国外某些资料而来的。此后，国内许多单位对钻井井筒所受径向水平荷载进行了大量实测研究。研究结果表明，表土层段井壁径向水平荷载均未超过1.2倍静水压力，基岩段未超过1.0倍静水压力。这一研究结果已纳入原煤炭部有关行业标准，本规范采用这一研究结果。

6.4.30 根据钢板-混凝土复合井壁设计和施工经验，确定的一种构造设计。

6.4.31 井壁可能受拉时，应对井壁接头处内外侧钢板采用钢带进行补焊，以增加井壁接头的抗拉能力。

6.5 沉井凿井法井筒支护

6.5.1 沉井凿井法是在不稳定含水地层中开凿井筒的一种特殊

凿井方法，分为普通法沉井、壁后触变泥浆沉井、壁后河卵石沉井和震动沉井。我国采用沉井凿井法施工的井筒多在20世纪50年代～70年代末。20世纪80年代以来，采用沉井凿井法施工的立井井筒较少。截至目前，采用沉井凿井法施工的井筒最深的为单家村主井井筒，沉井深度为192.75m。

6.5.3 由于沉井凿井法可能产生允许的偏斜，因此井筒断面除应满足提升容器、井筒装备等布置要求及通风要求外，还应考虑偏斜的影响，以保证井筒的正常使用。

6.5.8 套井是采用沉井凿井法施工的一个附加临时结构，用于防止沉井过程中四周土层的坍塌，同时作为沉井纠偏及加压下沉操作的一个工作平台。

6.5.9 当采用壁后触变泥浆沉井时，其泥浆比重不大于0.012MN/m^3，因此参考钻井凿井法护壁泥浆和井壁结构设计，表土层段井壁径向水平荷载按1.2倍静水压力取值。

6.6 帷幕凿井法井筒支护

6.6.1 帷幕凿井法是在不稳定含水地层中开凿井筒的一种特殊凿井方法。我国从1974年开始引入煤矿建井中，20世纪70年代～80年代中期采用帷幕凿井法共施工了24个井筒，最大帷幕深度为56.0m。20世纪90年代至21世纪10年代初，尚无采用帷幕凿井法施工立井井筒的案例。

7 硐　室

7.1 马　头　门

7.1.2 本条对马头门尺寸做了规定。

1 人行道宽度：依据现行国家标准《煤炭工业矿井设计规范》GB 50215 的规定，不应小于 1.0m；

马头门长度：马头门的受力比较复杂，当井筒开挖后，围岩应力相当于在均匀受力板中圆孔附近的应力集中问题。

7.1.3 本条对马头门的布置和支护做了规定。

马头门的布置：马头门是连接井上下的咽喉工程，服务时间长，其完好和安全直接影响矿井正常生产和安全，必须予以保证，现行《煤矿安全规程》和《防治煤与瓦斯突出规定》均对马头门的布置层位做出了相应规定。本条第 2 款为强制性条款，必须严格执行。

马头门的支护：马头门断面位于软岩岩层中时，可采用锚喷加金属网作临时支护，并对围岩的变形进行观测，待围岩变形趋于稳定后再砌筑永久支护。此规定是吸收“新奥法”而制订的。新奥法在各类巷道中使用时都收到良好的效果。在不稳定岩体中掘进巷道时，优点更为显著。其支护的原则就是保证最大限度地利用岩石的抗力去支护它自身。其实质就是将锚喷支护的构筑分两步来完成。

马头门加强支护段长度，自井筒中心线计起。

马头门围岩应力的大小不但与开挖的井筒半径有关，而且与井筒中心距离有关。

7.2 井底煤仓及箕斗装载硐室

7.2.1 本条对井底煤仓设计做了规定。

(1)圆形直立煤仓其直径与高之比，原规范建议为 1∶3～1∶4 之间，与《采矿工程设计手册》(煤炭工业出版社 2003 年版)建议的 0.22～0.42 之间不一致，本次修订建议统一。因采矿工程设计手册是根据实际煤矿统计的，因此采用采矿工程设计手册的数据。

(2)井底煤仓的有效容量与现行国家标准《煤炭工业矿井设计规范》GB 50215 的规定一致。

(3)增加了煤仓上口瓦斯排放孔。瓦斯排放孔一般采用 150mm×150mm 的方孔，煤仓直径小于或等于 8m 的可设 1 个，大于 8m 的应设 2 个。

7.2.2 箕斗装载硐室一般设有给煤皮带框架、定量仓等，受动荷载。考虑到箕斗装载硐室是井下原煤的转运站，硐室与井筒相连接维修困难且影响生产等因素，故规定“硐室内承受动荷载的结构应采用钢筋混凝土或钢结构”。

立井井筒装载硐室上、下不小于 3.0m 范围井壁应予加固。当井筒直径较大时，加固的范围不应小于 1 倍井筒掘进半径。

7.2.3 装载胶带输送机巷支护方式，原规范规定“可采用料石、混凝土砌碹”，本次修订去掉了料石砌碹支护。

双机布置时为减少断面可设中间行人检修道。非行人侧，设备最突出部分的距离由原规范规定的 300mm 修改为 500mm。

7.3 箕斗立井井底清理撒煤硐室

7.3.3 清理撒煤水仓多采用单巷布置，在巷道中间设置一道钢筋混凝土结构的隔墙，使其分为两个互不渗漏、可交替使用的水仓，以便清理。

水仓底板铺设整体道床，坡度为 3‰，坡向吸水井。其中的“坡向吸水井”指水仓处略高，对沉淀有利。

近年来，清理撒煤硐室设计变化比较大，主要是井下煤炭运输大部分采用胶带运输，主井井筒不再延伸，为简化清理撒煤硐室设计，清理撒煤硐室直接位于主井井筒下方，井筒不再收喇叭口，清理撒煤硐室沿墙两侧施工行人通道,行人通道外壁铺设钢板等耐磨材料,行人通道之间铺设钢轨作为清理通道。

7.4 罐笼立井井底水窝及清理

7.4.1 罐笼立井井底水窝包括罐笼进出车水平以下装备段井筒和井底水窝两部分。

7.4.2 水窝底的反底拱高约为井筒内径的1/10,是为了改善水窝底的衬砌体受力确定的。

7.5 立风井井口及井底水窝

7.5.1 风硐下口与井筒连接端距设计地坪不宜小于6m,是从减少外部漏风因素考虑的。当表土层为不稳定的第四系含水层时,为避开含水砂层,便于施工,风硐下口高程可适当提高。

安全出口与风硐口不得布置在同一水平截面或垂直截面上,且安全出口底板应高出风硐口底板2m以上,是为了改善井壁的受力状况,减少漏风和确保梯子间的使用安全。

附录G 钻井法凿井井筒钢板-混凝土复合井壁计算

G.1 内层钢板-外层混凝土复合井壁承载力计算

G.1.1 根据弹性力学，推导出的二层不同材料组合筒在外侧均匀荷载作用下各层的应力计算（不考虑材料在多轴荷载作用下的强度提高因素），分别根据内层钢板结构和外层混凝土结构的最大切向应力作为控制应力；根据弹性力学，推导出的三层不同材料组合筒在外侧均匀荷载作用下各层的应力计算（不考虑材料在多轴荷载作用下的强度提高因素），分别根据内层钢板结构和中间层混凝土结构及外层钢板结构的最大切向应力作为控制应力。